Hochleithner

Quappen

AquaTech
Publications

Meinem
geschätzten
Kollegen

Manfred Kletzl (†)

Fischereimeister und Betriebsleiter
der Fischzucht Kreuzstein
gewidmet.

Martin Hochleithner

QUAPPEN
(Lotidae)

Biologie und Aquakultur

AT Ratgeber

Impressum

Titelbild: *Lota lota*
Foto: Martin Hochleithner

AquaTech Publications
Unterbrunnweg 3
6370 Kitzbühel, Austria

http://www.aqua-tech.eu
http://www.aquaculture-com.net

Printed in Germany by:
Books on Demand GmbH, Norderstedt
ISBN 978-3-902855-31-2

Inhalt

ANHANG

Danksagung

Auch dieses Buch wäre ohne die Hilfe einiger Wissenschaftler und Praktiker sicher nicht so attraktiv geworden. Daher möchte ich allen, die meine bisherige Arbeit mit Quappen unterstützt und ermöglicht haben sowie zur Erstellung des vorliegenden Buches beigetragen haben, recht herzlich danken.

Mein besonderer Dank gebührt:

Herrn
Dipl. Biol. Hendrik Wocher
Überlingen/Deutschland
für einige gute Bilder zum Aquakulturteil,

und

Herrn
Mag. Nikolaus Schotzko
Innsbruck/Österreich
für die kritische Korrektur des Manuskripts.

*Phantasie
ist wichtiger als Wissen,
denn Wissen ist begrenzt.*

(Albert Einstein, 1929)

ALLGEMEIN

Einleitung

Die Quappe (*Lota lota*), in Österreich oft Rutte bzw. in der Schweiz meist Trüsche genannt, ist die einzige im Süßwasser vorkommende Art der Familie der Quappen (Lotidae), die zur Ordnung der Dorschfische (Gadiformes) gehört. Mit Ausnahme eines weiteren dorschartigen Fisches, nämlich dem Atlantischen Tomcod oder Frostfisch *(Microgadus tomcod),* der an der Atlantikküste Nordamerikas vorkommt und gelegentlich das Süßwasser besiedelt und sich dort vermehren kann, sind alle anderen Arten dieser Ordnung ausschließlich Meeresfische. Man geht daher davon aus, dass sich die Quappe vom Meerwasser wieder sekundär ans Süßwasser angepasst hat.

Die ersten Versuche zur Vermehrung der Quappe wurden bereits in der zweiten Hälfte des 19. Jahrhunderts durchgeführt, allerdings ohne großen Erfolg. Erfolgreicher waren die Versuche zur künstlichen Vermehrung in den 1980er Jahren in Tschechien und der intensiven Aufzucht in den 1990er Jahren in Deutschland und Österreich. Derzeit werden in Europa schätzungsweise jährlich etwa 10 Millionen Brütlinge bzw. 1 Million Setzlinge erzeugt und in verschiedenen Gewässersystemen (Donau, Rhein, Elbe) ausgesetzt. Seit den 2000er Jahren gelingt es auch, mit Lebendnahrung vorgestreckte Quappen relativ problemlos auf handelsübliches Trockenfutter umzustellen und bis zum Speisefisch aufzuziehen. Dabei steht die intensive Produktion erst in den Anfängen und man weiß noch relativ wenig über die Bedürfnisse dieser Fischart. Der einzige andere dorschartige Fisch, der derzeit noch in der Aquakultur vermehrt und produziert wird, ist der Atlantische Kabeljau oder Dorsch (*Gadus morhua*), allerdings nur im Meerwasser.

Dieses Buch entstand aus der Idee, für die Vermehrung und Produktion von Quappen die wichtigsten Daten und Ergebnisse zusammenzufassen und eine Anleitung für alle Interessierte zu erstellen. Der Aquakulturteil bezieht sich daher ausschließlich auf die im Süßwasser lebende Gattung (*Lota*). Um lesbar zu bleiben, beschränkt sich der Inhalt aber auf das Wesentliche. Weiterführende Literaturangaben sind im Anhang aufgeführt. Ich wünsche Ihnen Freude beim Lesen und Erfolg bei der Beschäftigung mit Quappen.

Kitzbühel und München, im Frühjahr 2020 — Martin Hochleithner

Körperbau

Dorschfische (Gadiformes) haben einen sehr unterschiedlichen Körperbau und kein einzelnes gemeinsames Merkmal, sondern nur eine Kombination an Merkmalen die sie vereint und von anderen Fischordnungen trennt.

Der langgestreckte Körper ist im Querschnitt in der Regel vorne rund bis oval und hinten zusammengedrückt, bei wenigen Familien (Macruronidae) ist der Körper aber auch vorne stark zusammen gedrückt. Die Anzahl der Wirbelknochen beträgt 40-85 und entspricht immer auch in etwa der Anzahl der Muskelsegmente. Den ersten zwei Wirbeln fehlen die Fortsätze. Manchen Familien (Bregmacerotidae, Macrouridae, Macrouroididae, Muraenolepididae) fehlen die Epipleuralgräten und einige Familien (Bregmacerotidae, Euclichthyidae, Gaidropsaridae, Moridae, Muraenolepididae, Phycidae, Ranicipitidae) haben zusätzliche kaudale Skelettelemente (XY-Knochen genannt) zwischen den Neural- und/oder Hämalfortsätzen. Zwischenmuskelgräten fehlen.

Die Haut ist mit einer starken Schleimschicht überzogen, die als Schutz gegen Keime dient. Der Körper und teilweise auch der Kopf sind mit kleinen, tief in der Haut steckenden Rundschuppen (Cycloidschuppen) bedeckt, welche keine Radialstrahlen besitzen. Bei den Muraenolepididae sind die Schuppen länglich und nicht überlappend, sowie die einzelnen Schuppenreihen (jeweils in einem Winkel von 90 Grad) zueinander versetzt angeordnet. Bei den Macrouridae und Trachyrincidae sind die Schuppen entlang der After- und Rückenflosse plattenartig vergrößert und/oder kielartig zugespitzt.

Der breite Kopf beträgt 15-25 % der Gesamtlänge und die abgerundete Schnauze etwa 25-35 % der Kopflänge. Bei den Macrouroididae ist der Kopf ballonartig stark vergrößert. Bei den Trachyrincidae ist die Schnauze zugespitzt und abgeflacht. Die paarigen Augen haben einen Durchmesser von 10-35 % und der Augenabstand beträgt 5-35 % der Kopflänge. Orbitosphenoid, Basisphenoid und Basihyale, sowie Mesocoracoid und Myodom fehlen allen Gadiformes.

Das gespaltene Maul befindet sich normalerweise an der Vorderseite des Kopfes, nur bei wenigen Familien befindet es sich an der Unterseite (Macrouridae, Macrouroididae, Trachyrincidae). Die Kiefer (Prämaxillare, Dentale) sowie das Pflugscharbein (Vomer) sind mit zahlreichen Zähnen besetzt. Bei einer Gattung (*Arctogadus*) ist auch der Gaumen (Palatine) bezahnt. Das Ectopterygoid ist bei allen Gadiformes zahnlos. Das Endopterygoid fehlt bei den Familien Bregmacerotidae und Muraenolepididae.

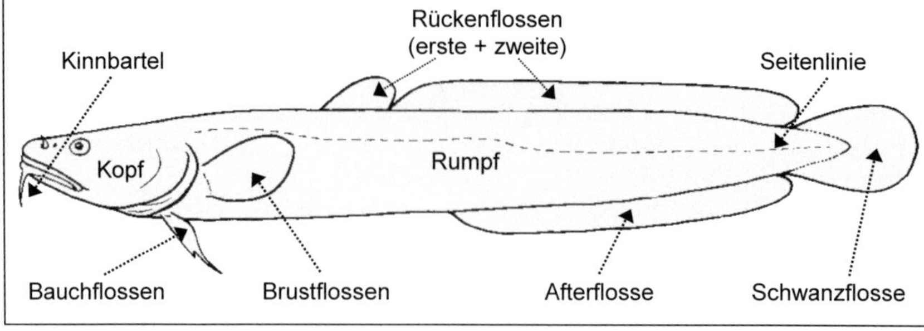

Körperteile der Quappe. (Nach: Cohen et al., 1990)

Das für die Quappe (*Lota lota*) gut verwendbare Merkmal zur Unterscheidung gegenüber allen anderen Europäischen Süßwasserfischen, nämlich der einzelne Bartfaden am Kinn (der bei den Lotidae 10-30 % der Kopflänge erreicht), ist im Salzwasser und auf anderen Kontinenten nicht alleine zur Identifizierung verwendbar, denn einigen anderen Familien (Bregmacerotidae, Euclichthyidae, Macrouroididae, Macruronidae, Melanonidae, Merlucciidae, Steindachneriidae) und Gattungen anderer Familien fehlt er. Auf anderen Kontinenten kommt er auch bei einigen weiteren Familien oder Gattungen im Süßwasser vor. Die Gaidropsaridae haben auch noch 2-4 zusätzliche Bartfäden an der Schnauze.

Der Unterordnung der Grenadierfischartigen (Macrouroidei) fehlt die Schwanzflosse komplett und der Schwanzstiel ist spitz auslaufend. Bei den anderen Unterordnungen ist die homozerke Schwanzflosse mit 30-40 Flossenstrahlen zugespitzt (Macruronidae, Muraenolepididae), oder gerundet (Gaidropsaridae, Lotidae, Melanonidae, Phycidae, Ranicipitidae) bis gegabelt (Gadidae, Merlucciidae). Bei den Euclichthyidae ist der untere Lobus (Lappen) der Schwanzflosse länger als der obere Lobus. Bei den Melanonidae reichen die Flossenstrahlen bis weit auf den Schwanzstiel. Bei wenigen Familien (Macruronidae, Muraenolepididae) geht die Schwanzflosse in die Rücken- und Afterflosse über und bildet einen durchgehenden Flossensaum.

Die Familie der Gadidae hat 3 Rückenflossen und wie die Familie der Moridae 2 Afterflossen. Alle anderen Familien besitzen 1-2 Rücken- und 1 Afterflosse, wobei die erste Rückenflosse stets kürzer als die zweite ist oder nur eine lange Rückenflosse vorhanden ist. Die Familie Bregmacerotidae hat am Kopf einen langen einzelnen Flossenstrahl.

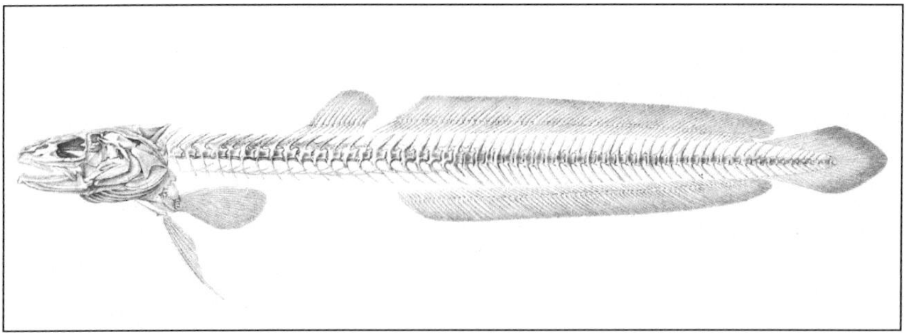

Knochenskelett der Quappe. (Nach: Agassiz, 1843)

Bei der Familie Muraenolepididae und Gaidropsaridae hat die erste Rückenflosse nur einen Flossenstrahl, der nur bei der Familie Gaidropsaridae von einer Rille mit vielen (50-80) kleinen fleischigen Flossenfilamenten gefolgt wird, die als Chemorezeptoren dienen. Bei der Familie Ranicipitidae hat die erste Rückenflosse 3 Flossenstrahlen, und wie bei der Familie Gaidropsaridae bildet sich der hintere Teil der ersten Rückenflosse bei Jungfischen zurück. Bei allen anderen Familien hat die erste Rückenflosse, sofern zwei Flossen vorhanden sind, 4-16 Flossenstrahlen. Die lange Afterflosse mit 40-130 Flossenstrahlen ist normalerweise kürzer als die zweite Rückenflosse mit 40-140 Flossenstrahlen. Bei einigen Familien sind die Flossenstrahlen der Afterflosse kürzer als die der zweiten Rückenflosse (Bathygadidae, Trachyrincidae) bzw. die Flossenstrahlen der zweiten Rückenflosse kürzer als die der Afterflosse (Macrouridae). Bei wenigen Familien (Bregmacerotidae, Merlucciidae) sind die zweite Rückenflosse und die Afterflosse mittig stark bis mäßig eingebuchtet. Bei der Familie Euclichthyidae besteht die Afterflosse aus einem kurzen vorderen Lobus der wesentlich höher als der lange hintere Lobus ist. Die Fische mit weniger Rücken- und Afterflossen können oft schlechter schwimmen und sind stationärer als solche mit mehr Rücken- und Afterflossen. Fische mit einer größeren Anzahl an Flossen gelten auch als höher entwickelt, als jene mit einer geringeren Anzahl an unpaaren Flossen.
Die paarigen Brustflossen mit 10-40 Flossenstrahlen sind gerundet und gut ausgebildet. Die paarigen Bauchflossen mit 2-16 Flossenstrahlen sind kehlständig und befinden sich unter oder vor den Brustflossen, ausgenommen bei der Familie Macrouridae bei der sie sich auch hinter den Brustflossen befinden können, sowie einer Gattung (*Macrouroides*) der Familie Macrouroididae, bei der sie fehlen.

Bei manchen Familien und Gattungen sind einige (1-4) Flossenstrahlen der Bauchflossen leicht (*Lota, Raniceps*) bis stark (Bregmacerotidae, Euclichthyidae, Phycidae) verlängert. Alle Flossen werden nur von Weichstrahlen gestützt, nur bei wenigen Familien (Macrouridae, Merlucciidae) sind die ersten 1-2 Flossenstrahlen der ersten Rückenflosse Hartstrahlen (sogenannte Pseudostacheln), echte Stachelstrahlen fehlen allerdings. Eine Fettflosse fehlt allen Gadiformes.
Die Seitenlinie geht meist von einigen (3 teilweise miteinander verbundenen) Kanälen im Kopfbereich in einen Kanal über, der an beiden Seiten bis zum Schwanzstiel verläuft. Bei Jungfischen bis zu einer Länge von 60 mm und der Familie Phycidae ist der Seitenlinienkanal vorne offen, oder er geht, wie bei der Familie Lotidae, nicht bis zur Schwanzwurzel. Bei einigen Gattungen (*Arctogadus, Boreogadus, Eleginus, Microgadus, Lota*) besteht sie am Kopf jedoch nur aus Sensorgrübchen. Die Seitenlinie selbst kann auch ganz (Gaidropsaridae) oder teilweise (Gadidae) unterbrochen sein. Bei der Familie Ranicipitidae fehlt die Seitenlinie an den Seiten komplett. Bei der Familie Bregmacerotidae verläuft die Seitenlinie am Rücken, bei allen anderen Familien entlang der Seiten, wobei sie gerade oder geschwungen (im vorderen Teil nahe des Rückens und im hinteren Teil an den Seiten) verlaufen kann. Entlang der Seitenlinie befinden dann 40-170 Poren.
An der Schnauze (vor den Augen) befinden sich zwei Paar Nasenöffnungen. Eine Gattung (*Lota*) hat bei den vorderen Nasenöffnungen je einen röhrenförmigen Hautlappen, dessen Länge etwa 20-25 % des Bartfadens beträgt. Die Riechnerven sind kurz und die Riechfalten liegen nahe der Nasenkapsel (ausgenommen Ranicipitidae). Anders als bei den meisten echten Knochenfischen (Teleostei), laufen die Riechnerven nicht zusammen mit den Sehnerven in die Augenhöhle, sondern in einem separaten Kanal zur Schädelhöhle.
Die vier Kiemenbögen sind mit je 5-35 Kiemenreusendornen besetzt, welche bei einige Familien (Bathygadidae, Trachyrincidae) lang und dünn, bei den meisten anderen Familien kurz und dick sind. Unter dem Kiemendeckel befinden sich 6-8 Branchiostegalstrahlen. Die Kiemenhäute sind frei oder dem Isthmus nur leicht angeheftet. Bei den Muraenolepididae sind die Kiemenöffnungen reduziert und reichen nicht über die Höhe der Brustflossen.
Einige Gattungen weniger Familien (Macrouridae, Moridae, Steindachneriidae) haben sogar ein Leuchtorgan am Kopf, das anderen Familien fehlt.

Otolithengröße der Quappe (*L. lota*)
in Abhängigkeit von der Körperlänge:
(Nach: Sandberg, 2015)

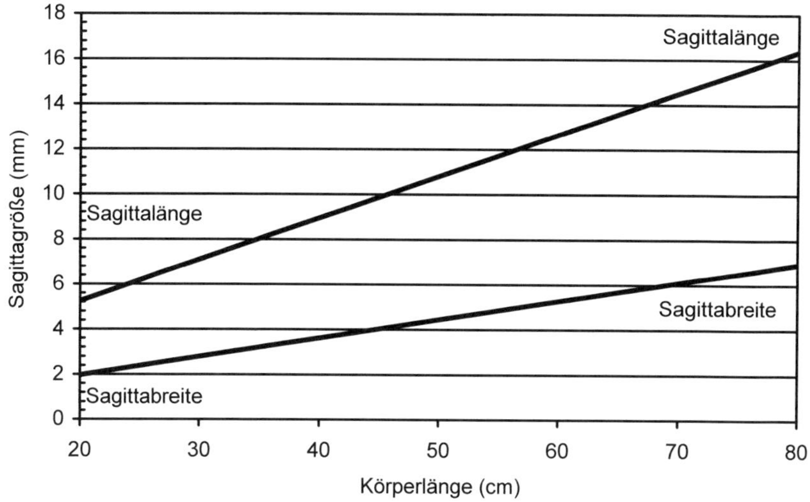

Otolithengewicht der Quappe (*L. lota*)
in Abhängigkeit von der Altersklasse:
(Nach: Becke, 2012)

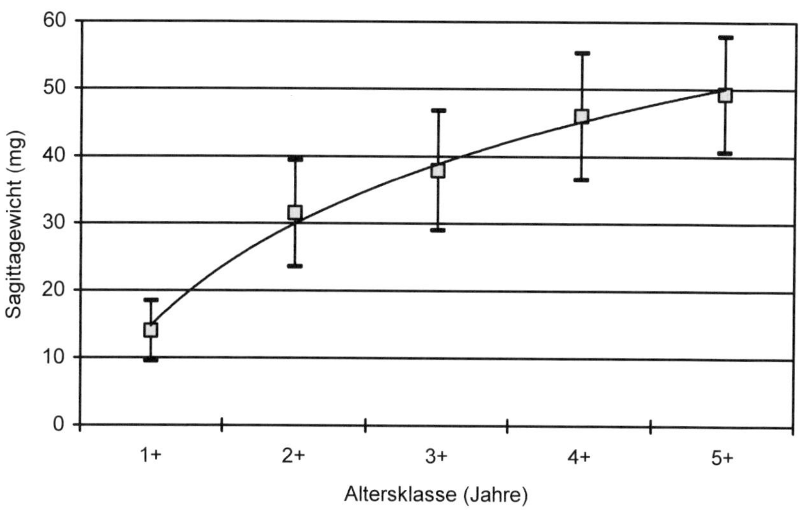

Zur Altersbestimmung können die Jahresringe der Gehörsteinchen (Otolithen) des Innenohrs herangezogen werden, vor allem der größte (Sagitta), welcher bei den Gadiformes oft einen typischen gezackten/ gewellten Ober- und/oder Unterrand aufweist und dessen Größe von der Fischlänge abhängt (siehe Abb.). Auch das Otolithengewicht steigt mit dem Wachstum, eignet sich allerdings kaum zur Altersbestimmung.
Dorschfische haben eine reduzierte Schwimmblase ohne Schwimmblasengang und gehören daher zur Gruppe der Physoclisten. Bei der Familie Moridae ist die Schwimmblase vorne mit dem hinteren Schädel verbunden; bei der Familie Phycidae ist sie mit Bändern (Ligamenten) mit dem Schultergürtel (Supracleithrum) verbunden. Bei wenigen Gattungen (*Melanonus, Squalogadus*) einiger Familien (Melanonidae, Macrouroididae) fehlt die Schwimmblase.
Am Magenausgang befinden sich 2-170 Pylorusanhänge, die jedoch bei einigen Familien (Merlucciidae, Muraenolepididae, Steindachneriidae) fehlen. Viele Dorschfische haben geringe Mengen an intramuskulärem und subkutanem Fettgewebe, stattdessen werden große Mengen an Fett in der hellen dreilappigen Leber gespeichert, welche 2-15 % des Körpergewichtes ausmachen kann. Die paarigen Keimdrüsen (Gonaden) sind oval und können bei Vollreife bei den Männchen (♂) bis zu 20 % und bei den Weibchen (♀) bis zu 30 % vom Körpergewicht betragen. Die diploide Chromosomenzahl der Dorschfische beträgt: 2n = 20-70 (bei der Quappe: 2n = 48).
Dorschfische sind relativ unauffällig gefärbt, je nach Lebensraum reicht die Färbung von einheitlich hell (silbrig-grau) bei pelagischen Fischen bis zu dunkel gefleckt (grau-braun) bei benthischen Fischen, wobei die Oberseite (Rücken) generell etwas dunkler als die Unterseite (Bauch) ist. Wie bei vielen Fischarten können auch bei den Dorschfischen selten Albinos (weiß-gelb-orange) mit roten Augen vorkommen.

Quappe (*Lota lota*). (Illustration: P. Vecsei)

Lebensweise

Dorschfische (Gadiformes) kommen als Salzwasserfische praktisch weltweit in allen Ozeanen und den anschließenden Randmeeren bis in eine Tiefe von 6000 m unter dem Meeresspiegel vor. Einige wenige Arten der nördlichen Hemisphäre können jedoch gelegentlich auch Brackwasser (z. B.: Ostsee) besiedeln (*Gadus morhua*) oder sich im Süßwasser vermehren (*Microgadus tomcod*). Nur eine einzige Art (*Lota lota*) kommt ausschließlich bzw. überwiegend im Süßwasser bis in eine Höhe von 2000 m über dem Meeresspiegel vor. Mit Ausnahme einiger Mitglieder der Bregmacerotidae, welche auch warme Küstengewässer besiedeln, sind alle anderen Familien kaltstenotherm und kommen überwiegend im kalten Wasser vor (Vorzugstemperatur 0-10 °C).
Nicht nur die größte Diversität, sondern auch die größte Biomasse an Dorschfischen findet sich von der arktischen bis zur gemäßigten Zone. Einige Familien sind zirkumpolar verbreitet (Bathygadidae, Bregmacerotidae, Macrouridae, Macrouroididae, Macruronidae, Melanonidae, Moridae), andere kommen nur in bestimmten Gebieten vor (Euclichthyidae, Steindachneriidae, Ranicipitidae). Im Atlantischen Ozean sind fast alle Familien vertreten, ausgenommen Euclichthyidae und Muraenolepididae, welche nur im Pazifischen bzw. Indischen Ozean zusammen mit einigen anderen Familien vorkommen.
Viele Familien besiedeln vorwiegend die Kontinentalhänge, einige andere (Macrouridae, Macrouroididae, Moridae) auch die Tiefseeregion. Die meisten Familien oder Gattungen sind benthisch (Gaidropsaridae, Lotidae, Muraenolepididae, Ranicipitidae), einige aber semi- oder benthopelagisch (Euclichthyidae), andere wiederum pelagisch (Bregmacerotidae, Melanonidae). Einige Familien sind relativ sesshaft (Gaidropsaridae), andere unternehmen kürzere vertikale Wanderungen, wieder andere (Gadidae) unternehmen auch längere horizontale Wanderungen, bis zu 2.000 km innerhalb kurzer Zeit, zum Fressen und/oder Laichen.
Die Geschlechtsreife wird bei den langsam- und kleinwüchsigeren, oft südlicher verbreiteten Familien und Gattungen meist mit einem Alter von 2-4 Jahren und bei den schnell- und großwüchsigeren, oft nördlicher verbreiteten mit einem Alter von 8-10 Jahren erreicht. Das Geschlechterverhältnis (Männchen : Weibchen) liegt bei ungestörten Populationen meist bei etwa 1:1.
Die Vermehrung erfolgt, mit wenigen Ausnahmen, in der kalten Jahreszeit. Im arktischen Bereich oder bei wärmeliebenden Arten kann sie jedoch stattdessen in der warmen Jahreszeit stattfinden.

Einsetzen der Geschlechtsreife bei der Quappe (*L. lota*)
in Abhängigkeit vom Breitengrad:
(Nach: Evenson, 1990)

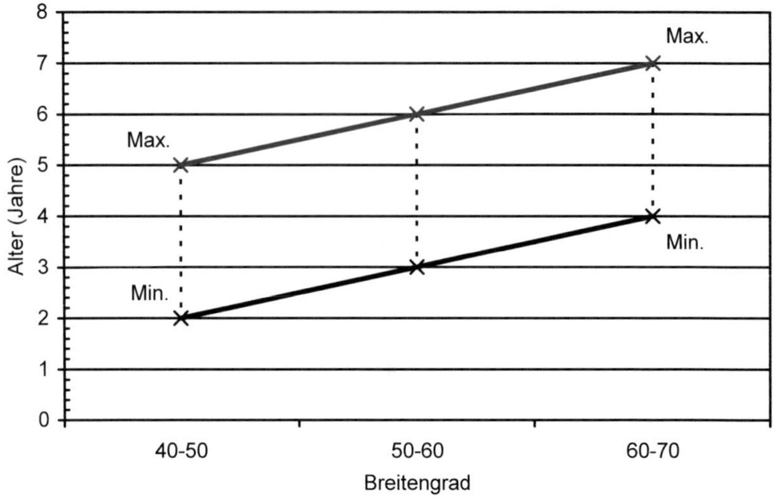

Absolute Fekundität der Quappe (*L. lota*)
in Abhängigkeit von der Körperlänge:
(Nach: Berg, 1949)

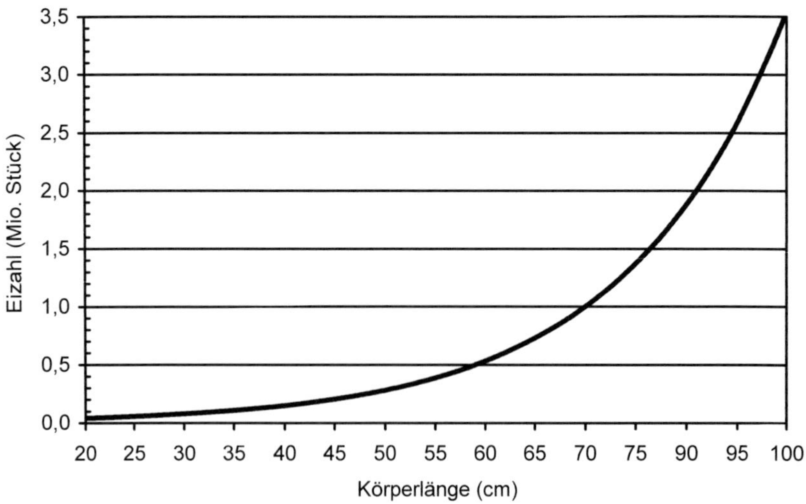

Geschlechtsreife Quappe. (Foto: A. Hartl)

Fressfähige Quappe. (Foto: A. Hartl)

Die vom Weibchen (Rogner) normalerweise in einigen Intervallen abgegebenen mehrere Tausend bis Millionen Eier (je nach Größe), werden vom Männchen (Milchner) besamt. Die pelagischen bis demersen Eier mit einem Durchmesser von 0,5-2,0 mm haben eine große Ölkugel, ausgenommen bei der Familie Gadidae. Die frischgeschlüpften Larven haben eine Länge von etwa 3,5-7,5 mm und zehren einige Tage von den im Dottersack enthaltenen Nährstoffen. Die schwimmfähigen Larven sind meist pelagisch und werden mit Strömungen manchmal hunderte Kilometer weit verdriftet. Bei manchen Familien (Gadidae) oder Gattungen verstecken sich die pelagischen Jungfische unter Quallen (*Cyanea*) oder Treibgut, bei anderen (Phycidae) die benthischen Jungfische in Muschelschalen (*Pecten*) oder unter Pflanzenteilen. Nach dem pelagischen Larvenstadium, das je nach Familie und Breitengrad bzw. Wassertiefe und Wassertemperatur bis zu einer Größe von 5-15 cm und mehrere Wochen bis Monate dauern kann, begeben sich die Jungfische zum Grund und wandern aktiv zum Ufer, wo sie sich dann mehrere Jahre aufhalten.

Dorschfische haben generell ein sehr hohes Vermehrungspotential. Sie dienen häufig anderen Fischen (Haie, Rochen, Barsche, Dorsche, Plattfische), Wasservögeln (Säger, Tölpel, Sturmvögel) und Meeressäugern (Delfine, Wale, Robben) als Nahrung. Ebenso wie viele Wirbeltiere werden auch Dorschfische von zahlreichen Parasiten befallen, wie Einzellern (Geißel-, Wimper-, Mikro- und Myxotierchen) und Mehrzellern (Haken-, Saug-, Band-, Faden-, Kratz- und Gürtelwürmern, sowie Krebstieren). Meist ist das Wirt - Parasit Verhältnis ausgeglichen und die Parasiten beeinträchtigen den Wirtsfisch nicht zu sehr. Unter ungünstigen Umweltbedingungen können jedoch auch Verluste auftreten.

Die Nahrung der Dorschfische besteht anfangs und bei kleinwüchsigen Gattungen hauptsächlich aus Zooplankton, später auch aus anderen Krebstieren; bei den großwüchsigen Gattungen aus Fischen, sowie gelegentlich aus Weichtieren, Stachelhäutern, Würmern und anderen Wirbellosen.

Das Wachstum ist je nach Familie bzw. Gattung sehr unterschiedlich. Arten einiger Familien, wie Bregmacerotidae und Melanonidae, bleiben sehr klein und werden bis 20 cm lang, andere, wie Gadidae und Lotidae, können auch sehr groß und über 200 cm lang, 30 kg schwer und 30 Jahre alt werden.

Der arttypische Korpulenzfaktor (Gewicht [g] x 100 : Länge $[cm]^3$) liegt je nach Geschlecht und Reifezustand (bei der Quappe) zwischen 0,5 und 0,8.

Nahrungszusammensetzung der Quappe (*L. lota*)
im Yukon in Abhängigkeit vom Alter:
(Nach: Chen, 1969)

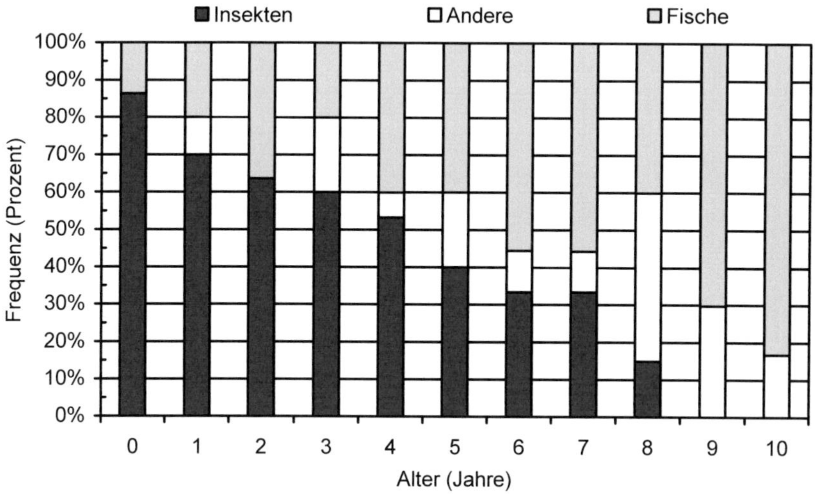

Nahrungszusammensetzung der Quappe (*L. lota*)
im Bodensee in Abhängigkeit vom Habitat:
(Nach: Becke, 2012)

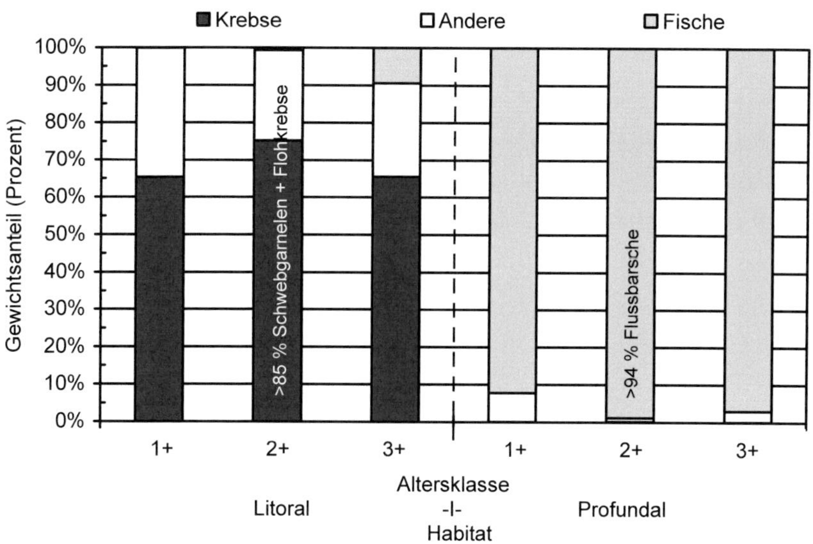

Längenwachstum der Quappe (*L. lota*)
in natürlichen Gewässern:
(Nach: Berg, 1949; Chen, 1969; Farkas, 1993, Scott & Crossman, 1973)

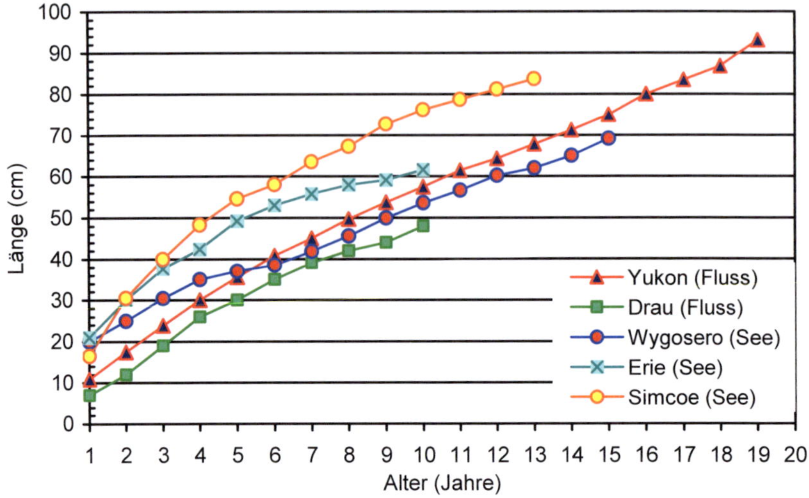

Gewichtswachstum der Quappe (*L. lota*)
in natürlichen Gewässern:
(Nach: Berg, 1949; Chen, 1969)

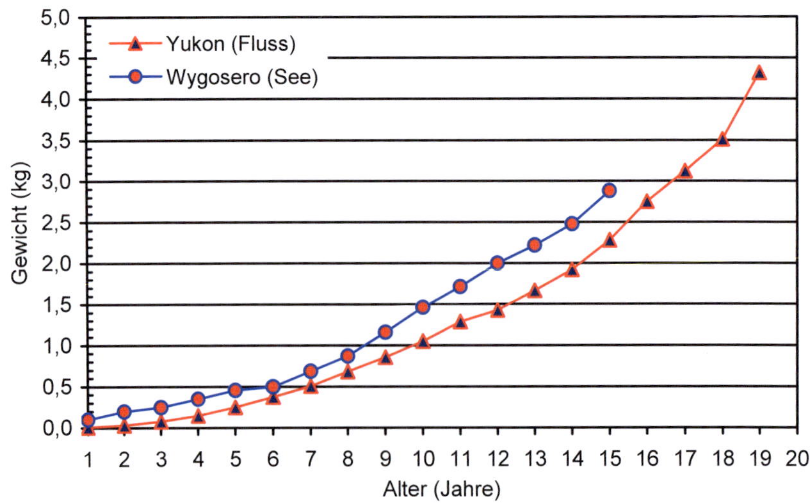

Längenwachstum der Lotidae
in natürlichen Gewässern:
(Nach: Angus, 2011; Chen, 1969; ICES, 2013; Oldham, 1972)

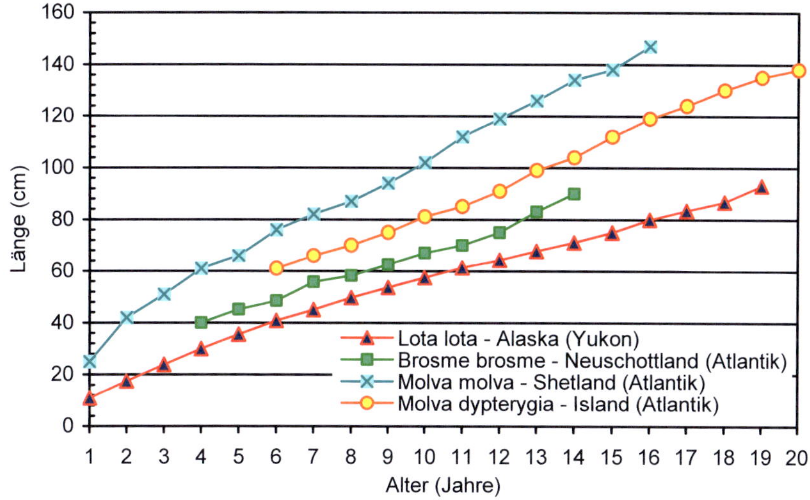

Längen – Gewichtsregression
der Quappe (*L. lota*):
(Nach: Chen, 1969; Ritterbusch et al., 2018; Sandberg, 2015)

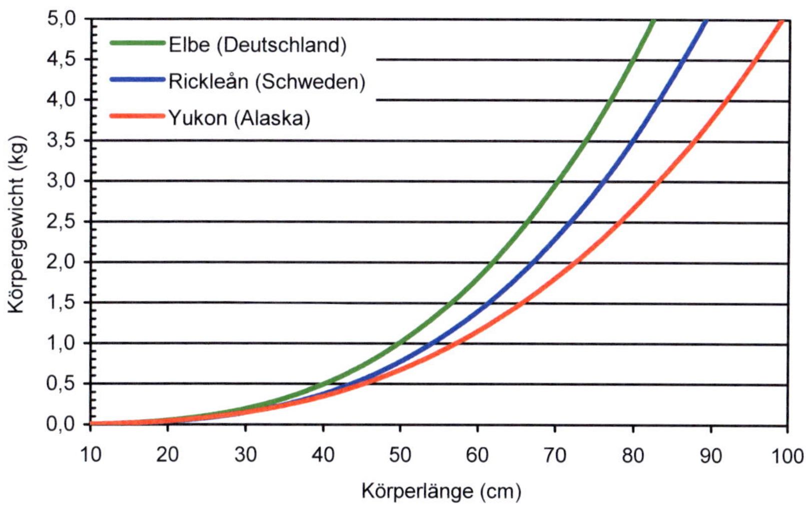

Hybriden

Hybriden sind Nachkommen von Eltern zweier verschiedener Arten. Je näher die Elternarten miteinander verwandt sind, desto eher kommt es auch in der Natur zur Hybridisierung. Die Ursache für eine Hybridisierung liegt vor allem bei veränderten Umweltbedingungen. Normalerweise sorgen Isolationsmechanismen wie verschiedene Laichzeiten oder -verhalten dafür, dass Kreuzungen nicht vorkommen.
Kommt es dennoch zu einer Kreuzung verschiedener Arten, so besteht die Möglichkeit, dass durch spontane Verdopplung des Chromosomensatzes (durch chemische oder physikalische Prozesse) ein fruchtbarer Hybride entsteht, der sich im Lauf der Evolution als neue Art durchsetzen kann. Einige Hybriden können ganz oder teilweise steril, andere wiederum fertil sein. Die fertilen Hybriden spalten sich ab der F2-Generation wieder teilweise in die Ausgangsarten auf (Mendelsche Regel).
Hybriden haben meist Merkmale die zwischen den beiden Elternarten liegen, oder ein Merkmal das näher bei einer Elternart und ein anderes Merkmal das näher bei der anderen Elternart liegt. Die Unterscheidung ist daher nicht immer einfach und so wurden auch schon Hybriden als reine Arten beschrieben.
Bei Dorschfischen treten natürliche Hybriden zwischen Arten oder gar Gattungen sehr selten auf. Durch falsch interpretierte Genanalysen wurde schon angenommen, dass der (Pazifische) Pollack (*Gadus chalcogrammus*) ein Hybride zwischen dem (Atlantischen) Kabeljau und dem (Arktischen) Polardorsch (*Gadus morhua* x *Boreogadus saida*) sei.
Es gibt aber sogenannte Hybridzonen, wo sich die Arten oder Unterarten tatsächlich vermischen. Beispielsweise beim Kabeljau oder Dorsch (*Gadus morhua*) in der Ostsee, wo sich der (Westliche) Nordseedorsch (*Gadus morhua morhua*) und der (Östliche) Ostseedorsch (*Gadus morhua callarias*) im Arkona-Becken vermischt.
Eine Hybridzone der Quappe (*Lota lota*) ist der Mackenzie River in Kanada, wo sich die Unterarten, die Eurasische Quappe (*Lota lota lota*) und die Amerikanische Quappe (*Lota lota maculosa*), mischen. Als sogenannte Kontaktzone der Quappe gilt auch der Bodensee, wo zwei verschiedene genetische Linien (Westeuropäische und Eurasische) vorkommen, die aus verschiedenen eiszeitlichen Rückzugsgebieten stammen. Eine solche Kontaktzone zweier verschiedener genetischer Linien (Nordeuropäische und Eurasische) gibt es auch im Ladoga- bzw. Onegasee in Russland, wobei dies dann keine echten Hybriden sind.

Evolution

In der geologischen Zeitrechnung sind Fische bereits in der Ära des Paläozoikum bekannt. In der Periode des Kambriums (vor 570-510 Millionen Jahren) gab es noch keine Fische. Im Ordovizium (vor 510-435 Millionen Jahren) entwickelten sich die ersten primitiven kieferlosen Fische mit knöchernen Panzerplatten. Im Silur (vor 435-405 Millionen Jahren) traten die ersten Fische mit Kiefern (Gnathostomata) auf, die möglicherweise bereits das Süßwasser besiedelten. Im Devon (vor 405-355 Millionen Jahren) hatten die Fische bereits Flossen und Schuppen. Im Karbon (vor 355-290 Millionen Jahren) waren bereits Knochen- und Knorpelfische weit verbreitet. Im Perm (vor 290-250 Millionen Jahren) kam es zu einem massenhaften Aussterben, das schätzungsweise 75-90 % aller Tierarten erfasste.

In der Ära des Mesozoikum mit Trias (vor 250-205 Millionen Jahren), Jura (vor 205-140 Millionen Jahren) und Kreide (vor 140-65 Millionen Jahren), dominierten unter den Fischen bereits auch noch heute lebende Arten der Unterklasse der Strahlenflosser. Darüber hinaus gab es Quastenflosser und Lungenfische.

Die frühesten fossilen Gadiformes sind in der Ära des Känozoikum, aus der Periode des Tertiärs bekannt. Aus der Epoche des Paläozäns (vor 65-53 Millionen Jahren) sind Dorschfischartige (Gadoidei) aus Europa und Nordamerika, sowie Grenadierfischartige (Macrouroidei) aus Australien und Neuseeland bekannt. Aus der Epoche des Eozäns (vor 53-37 Millionen Jahren) sind Seehechte (Merlucciidae) aus dem Westen Sibiriens bekannt, sowie andere Dorschfische aus der Antarktis. Aus der Epoche des Oligozäns (vor 37-23 Millionen Jahren) sind fossile Dorsche und Quappen (*Paleogadus, Paleomolva*) bekannt. Aus der Epoche des Miozäns (vor 23-5 Millionen Jahren) sind ausgestorbene fossile Seequappen (*Gaidropsarus* spp.) von Algerien und Österreich, sowie fossile Quappen (*Brosme* spp.) aus Kroatien bekannt. Aus der Epoche des Pliozän (vor 5-1 Millionen Jahren) sind fossile Quappen (*Lota* spp.) aus dem Brack- bzw. Süßwasser von Österreich bekannt.

Fossile Seequappe (*Gaidropsarus pilleri*). (Nach: Carnevale & Harzhauser, 2013)

Systematik

Quappen gehören als Wirbeltiere (*Vertebrata*) zur Klasse der Knochenfische (*Osteichthyes*) und der Unterklasse Strahlenflosser (*Actinopterygii*), mit der Subdivision Echte Knochenfische (*Teleostei*). Die Überordnung *Paracanthopterygii* beinhaltet die Serie *Percopsaria* mit der Ordnung *Percopsiformes* und die Serie *Zeiogadaria* mit den Ordnungen *Zeiformes* sowie *Stylephoriformes* und *Gadiformes*.

Die Ordnung der *Gadiformes* Goodrich, 1909 (Dorschfische) umfasst ca. 600 Arten in 85 Gattungen und folgenden 17 Familien, die in drei Unterordnungen eingeteilt werden:

I. *Macrouroidei* (Grenadierfischartige) mit fünf Familien:[1]
   1. *Bathygadidae* Jordan & Evermann, 1898 (Peitschenschwänze).
   2. *Macrouridae* Bonaparte, 1832 (Grenadierfische).
   3. *Macrouroididae* Smith & Radcliffe, 1912 (Tiefseeschwänze).
   4. *Steindachneriidae* Parr, 1942 (Leuchtschwänze).
   5. *Trachyrincidae* Goode & Bean, 1896 (Rattenschwänze).

II. *Melanonoidei* (Schwarzdorschartige) mit einer Familie:[2]
   6. *Melanonidae* Goode & Bean, 1896 (Schwarzdorsche).

III. *Gadoidei* (Dorschfischartige) mit elf Familien:[3]
   7. *Bregmacerotidae* Gill, 1872 (Einhorndorsche).
   8. *Euclichthyidae* Cohen, 1984 (Eucladorsche).
   9. *Gadidae* Rafinesque, 1810 (Echte Dorsche).
   10. *Gaidropsaridae* Jordan & Evermann, 1898 (Seequappen).
   11. *Lotidae* Bonaparte, 1832 (Echte Quappen).
   12. *Macruronidae* Radcliffe, 1912 (Südliche Seehechte).
   13. *Merlucciidae* Gill, 1884 (Nördliche Seehechte).
   14. *Moridae* Moreau, 1881 (Tiefseedorsche).
   15. *Muraenolepididae* Regan, 1903 (Aaldorsche).
   16. *Phycidae* Swainson, 1838 (Gabeldorsche).
   17. *Ranicipitidae* Gill, 1890 (Froschdorsche).

[1] Die Unterordnung Macrouroidei wird gelegentlich auch als eigenständige Ordnung (Macrouriformes) behandelt.

[2] Die Familie Melanonidae wird mitunter auch zur Unterordnung Gadoidei gerechnet, oder die Familie Muraenolepididae in eine eigene Unterordnung (Muraenolepidoidei) gestellt.

[3] Die Familien Gaidropsaridae, Lotidae und Phycidae werden manchmal auch als Unterfamilien (Gaidropsarinae, Lotinae und Phycinae) zur Familie der Gadidae gestellt.

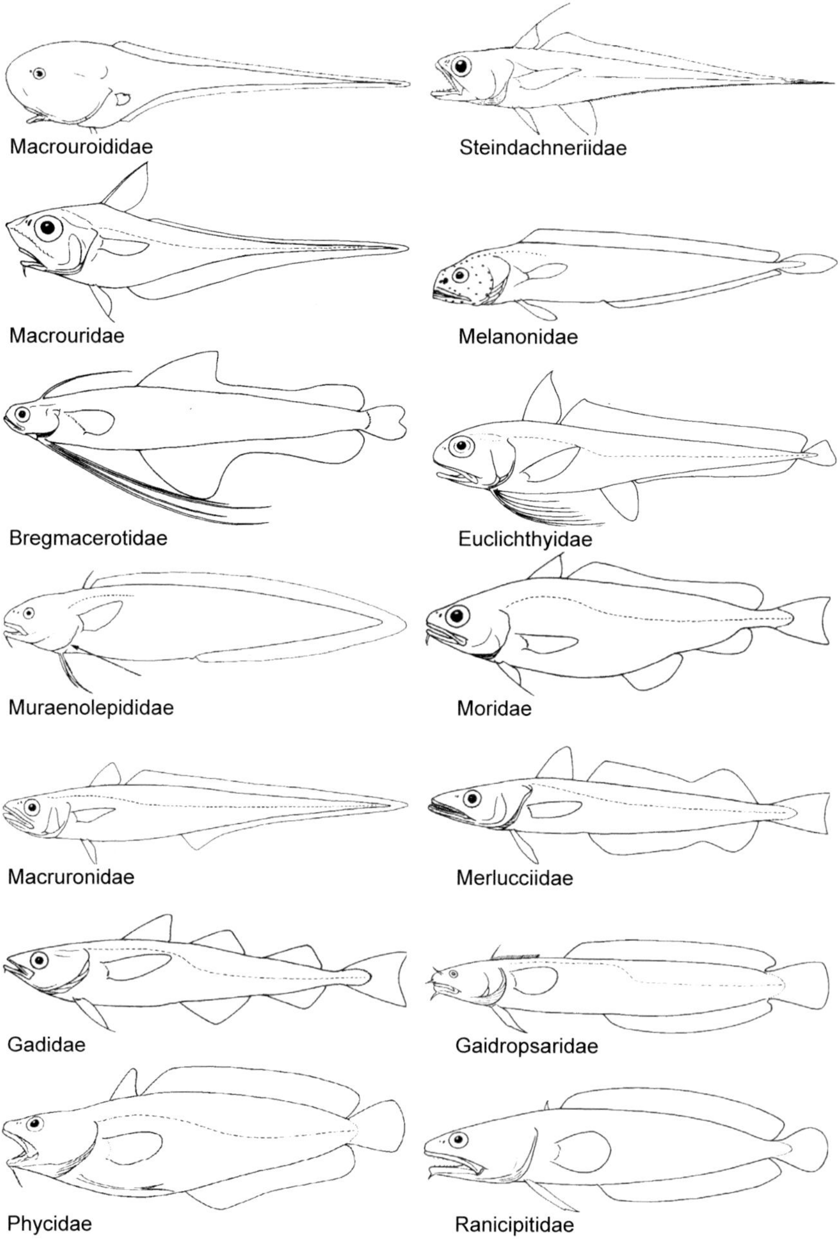

Einige Familien der Dorschfische. (Nach: Cohen et al., 1990)

Die Familie der *Lotidae* Bonaparte, 1832 (Echte Quappen) mit 5 Arten wird in folgende drei Gattungen eingeteilt:*

a) *Brosme* Oken, 1817 (Lumbe) mit einer Art.
b) *Lota* Oken, 1817 (Quappen) mit einer Art.
c) *Molva* LeSueur, 1819 (Lenge) mit drei Arten.

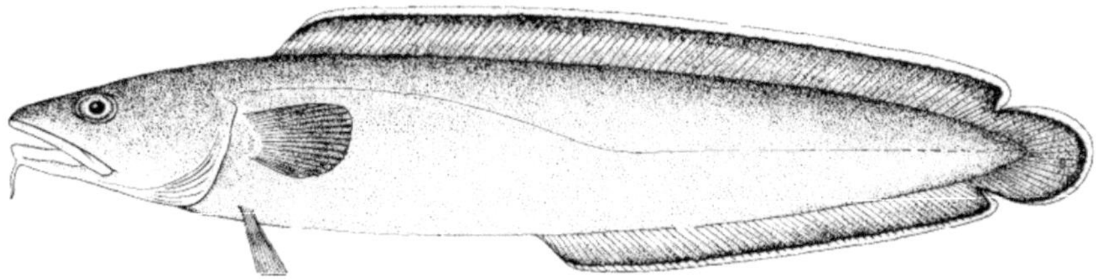

Brosme

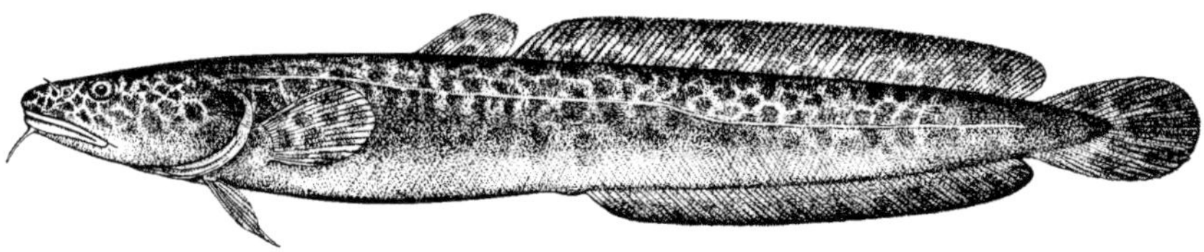

Lota

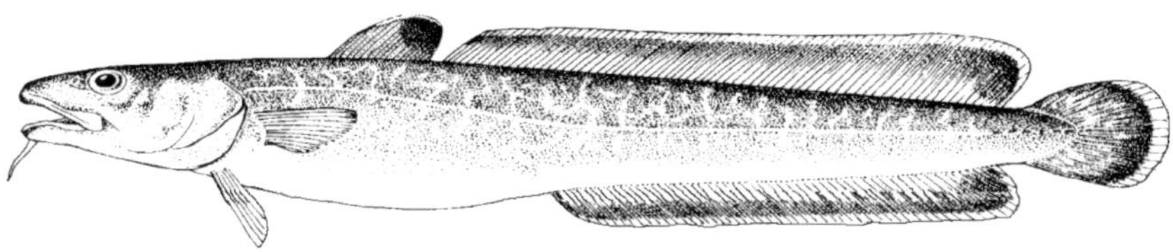

Molva

Gattungen der Familie Lotidae. (Nach: Cohen et al., 1990)

* Die Gattung *Brosme* wurde früher gelegentlich auch schon in eine eigene Unterfamilie (Brosminae Swainson, 1838) gestellt.

Bestimmungsschlüssel*
für die Ordnung Gadiformes

1 Schwanzflosse fehlt,
Kopfoberseite ohne V-förmigen Grat: 2

Schwanzflosse vorhanden: 6

2 Anal- und Urogenitalöffnung weit auseinander stehend,
Leuchtorgan vorhanden: .... **Steindachneriidae**

Anal- und Urogenitalöffnung nahe beieinander stehend: 3

3 Eine Rückenflosse:.. **Macrouroididae**

Zwei Rückenflossen: 4

4 Afterflosse wesentlich höher als zweite Rückenflosse: . **Macrouridae**

Afterflosse wesentlich niedriger als zweite Rückenflosse: 5

5 Schuppen entlang der After- und Rückenflosse dornartig vergrößert,
Schnauze lang und zugespitzt: .... **Trachyrincidae**

Schuppen nicht dornartig vergrößert,
Schnauze kurz und abgerundet: .... **Bathygadidae**

6 Kiemenöffnung reduziert und nicht über die Brustflosse reichend,
Schuppen länglich und nicht überlappend sowie
(um 90 °) versetzt angeordnet: .... **Muraenolepididae**

Kiemenöffnung nicht reduziert und bis über die Brustflosse reichend,
Schuppen rundlich und meist überlappend sowie
nicht versetzt angeordnet: 7

7 Schwanzflosse mit zahlreichen zusätzlichen Flossenstrahlen, die weit auf den Schwanzstiel reichen: .... **Melanonidae**

Schwanzflosse ohne zusätzliche Flossenstrahlen, die nicht auf den Schwanzstiel reichen: 8

8 Erste Rückenflosse beginnt vor dem Ende des Kopfes, besteht aus nur einem Flossenstrahl der länger als der Kopf ist, Seitenlinien verlaufen am Rücken: .... **Bregmacerotidae**

Erste Rückenflosse beginnt nach dem Ende des Kopfes, besteht aus mehr als einem Flossenstrahl der kürzer als der Kopf ist, Seitenlinien verlaufen an den Seiten: 9

9 Schwanzflosse äußerlich asymmetrisch, unterer Teil länger als oberer Teil, Kopfoberseite mit Y-förmigen Grat: .... **Euclichthyidae**

Schwanzflosse äußerlich symmetrisch oder fehlt, unterer Teil gleich wie oberer Teil: 10

10 Kopfoberseite mit V-förmigen Grat, der bei den Augen beginnt und nach hinten zusammenläuft: 11

Kopfoberseite ohne V-förmigen Grat: 12

11 Schwanzflosse zugespitzt auslaufend: .... **Macruronidae**

Schwanzflosse gegabelt oder eckig ausgebildet: .... **Merlucciidae**

12 Schwimmblase vorne mit dem hinteren Schädel verbunden, Kopf des Pflugscharbeins (Vomer) meist zahnlos: .... **Moridae**

Schwimmblase vorne nicht mit dem hinteren Schädel verbunden, Kopf des Pflugscharbeins (Vomer) stets bezahnt: 13

13 Spitze der Brustflosse reicht bis über den Anfang der Afterflosse, Erste Rückenflosse mit 2-4 Flossenstrahlen: .... **Ranicipitidae**

Spitze der Brustflosse reicht nicht über den Anfang der Afterflosse, Erste Rückenflosse mit mehr od. weniger als 2-4 Flossenstrahlen: 14

14 Drei Rückenflossen und zwei Afterflossen vorhanden, Schwanzflosse überwiegend gegabelt: .... **Gadidae**

Zwei oder eine Rückenflosse und eine Afterflosse vorhanden, Schwanzflosse überwiegend gerundet: 15

15 Bauchflossen mit 3 oder weniger Flossenstrahlen, wobei 2 Strahlen sehr stark verlängert sind; Frontalknochen verwachsen: .... **Phycidae**

Bauchflossen mit 4 oder mehr Flossenstrahlen, wobei 2 Strahlen nicht oder mit nur leicht verlängert sind; Frontalknochen separiert: 16

16 Erster Flossenstrahl der ersten Rückenflosse alleinstehend, gefolgt von viel kleineren fleischigen Flossenfilamenten, Bartfäden an der Schnauze vorhanden: .... **Gaidropsaridae**

Erster Flossenstrahl der ersten Rückenflosse nicht alleinstehend, gefolgt von gleich großen knöchernen Flossenstrahlen, Bartfäden an der Schnauze fehlen: .... **Lotidae**

* (Erstellt und überarbeitet unter anderem nach: Berg, 1949; Cohen et al., 1990; Endo, 2002; Nelson et al., 2016; Svetovidov, 1948)

Bestimmungsschlüssel
für die Familie Lotidae

1 Eine Rückenflosse vorhanden,
Schwanzflosse teils mit Rücken- und Afterflosse verbunden: ***Brosme***

Zwei Rückenflossen vorhanden,
Schwanzflosse nicht mit Rücken- und Afterflosse verbunden: 2

2 Seitenliniensystem am Kopf ohne Kanäle (nur Poren),
Vordere Nasenöffnungen mit Hautlappen,
Zähne einheitlich klein: .... ***Lota***

Seitenliniensystem am Kopf mit Kanälen (und Poren),
Vordere Nasenöffnungen ohne Hautlappen,
Zähne verschieden groß: .... ***Molva***

Bestimmungsschlüssel
für die Gattung Molva

1 Kinnbartel länger als Augendurchmesser,
Zweite Rückenflosse mit weniger als 71 Flossenstrahlen,
Afterflosse mit weniger als 69 Flossenstrahlen,
Oberkiefer vorstehend: .... ***Molva molva***

Kinnbartel kürzer als Augendurchmesser,
Zweite Rückenflosse mit mehr als 71 Flossenstrahlen,
Afterflosse mit mehr als 69 Flossenstrahlen,
Unterkiefer vorstehend: 2

2 Bauchflosse reicht nicht über die Spitze der Brustflosse,
Erste Rückenflosse mit 12 und mehr Flossenstrahlen,
79 oder weniger Wirbelknochen: .... ***Molva dypterygia***

Bauchflosse reicht bis über die Spitze der Brustflosse,
Erste Rückenflosse mit 12 und weniger Flossenstrahlen,
80 oder mehr Wirbelknochen: .... ***Molva macrophthalma***

Überblick

Meristische Merkmale

ART	DF	AF	PF	VF	KR	WI
Brosme brosme	85-108	62-77	22-25	5-6	11-13	63-67
Lota lota	60-96	58-88	15-24	5-9	5-12	50-67
Molva dypterygia	72-84	70-81	18-20	6-7	11-12	76-79
Molva macrophthalma	76-83	73-78	16-18	6-7	10-11	80-84
Molva molva	61-70	58-65	18-21	6-7	11-12	63-65

Abkürzungen:
DF = Flossenstrahlen der 2. Rückenflosse, AF = Flossenstrahlen der Afterflosse, PF = Flossenstrahlen der Brustflosse, VF = Flossenstrahlen der Bauchflosse, KR = Kiemenreusendornen am ersten Kiemenbogen, WI = Wirbelknochen.

Anmerkungen:
Die Anzahl einiger meristischer Merkmale (Flossenstrahlen und Wirbelknochen) steigt generell temperaturbedingt von Süden nach Norden und oft auch von Westen nach Osten.

ARTEN

Brosme Oken, 1817

Brosme brosme. (Foto: T. Østergaard)

Brosme brosme Ascanius, 1772. **Lumb**, Brosme

Beschreibung:

Eine Rückenflosse mit 85-108 Flossenstrahlen, Afterflosse mit 62-77 Flossenstrahlen, Brustflossen mit 22-25 Flossenstrahlen, Bauchflossen mit 5-6 Flossenstrahlen, 11-13 Kiemenreusendornen, 63-67 Wirbel.

Die Schnauze beträgt 31-35 % der Kopflänge und diese wiederum 21-23 % der Gesamtlänge. Die Prädorsaldistanz beträgt 25-27 % und die Präanaldistanz 46-49 % der Gesamtlänge. Die Länge der Brust- und Bauchflossen beträgt 10-12 % der Gesamtlänge. Die Länge des Oberkiefers beträgt 45-47 % und jene des Unterkiefers 58-61 % der Kopflänge. Der Augendurchmesser beträgt 18-24 % und der Augenabstand 16-20 % der Kopflänge. Der Bartfaden beträgt 16-24 % der Kopflänge.

Die Oberseite ist rot-braun bis gelb-grün und die Unterseite grün-braun bis weiß-grau gefärbt. Die Rücken-, Schwanz- und Afterflosse haben einen schwarzen Streifen am Ende und einen gelb-weißen Saum. Die Brustflossen sind gelblich und die Bauchflossen gräulich gefärbt. Die Jungfische haben oft sechs gelbe Querbänder an den Seiten.

Verbreitung:
Der Lumb kommt im Salzwasser des nördlichen Atlantischen Ozeans von Nordamerika und Europa vor (83-37° Nördlicher Breite und 75° Westlicher bis 57° Östlicher Länge). Das Verbreitungsgebiet erstreckt sich von New Jersey bis Labrador entlang der Westküste der Labradorsee über die Südküste von Grönland und Island bis Spitzbergen und der Westküste der Barentssee, von Russland über die Färöer und Britischen Inseln bis Frankreich.

Lebensweise:
Die Geschlechtsreife wird von beiden Geschlechtern mit einem Alter von 6-10 Jahren bei einer Länge von 40-60 cm erreicht.
Die Laichzeit erstreckt sich, je nach Verbreitungsgebiet, von März bis August bei einer Wassertemperatur von 5-9 °C.
Die Abgabe der 1-3 Millionen Eier pro Weibchen erfolgt in einer Wassertiefe von 40-400 m. Die pelagischen transparenten Eier haben eine Größe von 1,1-1,5 mm und die frischgeschlüpften Larven eine Länge von 4-5 mm.
Junge Fische bis zu einer Größe von 50-60 mm sind pelagisch, ältere Fische sind benthisch, wandern kaum und halten sich einzeln oder in kleinen Gruppen bevorzugt über felsigem Untergrund entfernt von der Küste auf. Sie kommen in einer Wassertiefe von 20-1.200 m vor, bevorzugen aber eine Tiefe von 100-200 m und eine Wassertemperatur von 5-10 °C.
Die Nahrung besteht hauptsächlich aus Krebstieren (Decapoda), sowie gelegentlich aus Weichtieren (Muscheln, Schnecken, Kopffüßern), Stachelhäutern (Seesternen) und Nesseltieren, sowie Fischen (Gadidae, Scorpaenidae, Pleuronectidae) und Würmern (Polychaeta).
Das Wachstum ist je nach Meeresgebiet unterschiedlich. Die Männchen wachsen manchmal etwas schneller als die Weibchen. Gewöhnlich sind die Fische mit 5 Jahren 30-40 cm und 10 Jahren 50-60 cm lang.
Der Lumb kann bis zu 120 cm lang, 20 kg schwer und 20 Jahre alt werden.

Bedeutung:
Der Lumb hat eine mäßige fischereiliche Bedeutung. Der Fang erfolgt hauptsächlich (>90 %) mit Langleinen und seltener mit Stellnetzen. Gelegentlich wird er auch als Beifang in Schleppnetzen und Hummerreusen mitgefangen. Die Fische bzw. Hälften oder Filets werden frisch, gefrostet oder eingesalzen und luftgetrocknet „Klippfisch“ verkauft.

In der Fischerei betrug der weltweite Jahresfang durchschnittlich in den 1950er Jahren 20.470 t, in den 1960er Jahren 39.070 t, in den 1970er Jahren 39.570 t, in den 1980er Jahren 47.530 t, in den 1990er Jahren 36.460 t, und in den 2000er Jahren 25.910 t. Fangländer waren im Jahr 2010 vor allem Norwegen (55 %), Island (22 %) und die Färöern (19 %), aber auch Kanada, Frankreich, Großbritannien, Russland, sowie Spanien, Grönland, Dänemark und die USA.
In der Aquakultur wird der Lumb nicht produziert.

Brosme brosme. (Foto: MAREANO)

Lota Oken, 1817

Lota lota. (Foto: M. Hochleithner)

Lota lota Linnaeus, 1758. **Quappe**, Rutte, Trüsche

Beschreibung:

Erste Rückenflosse mit 7-16 und zweite Rückenflosse mit 60-96 Flossenstrahlen, Afterflosse mit 58-88 Flossenstrahlen, Brustflossen mit 15-24 Flossenstrahlen, Bauchflossen mit 5-9 Flossenstrahlen, 5-12 Kiemenreusendornen, 20-168 Pylorusanhänge, 50-67 Wirbel.

Die Schnauze beträgt 27-36 % der Kopflänge und diese wiederum 17-25 % der Körperlänge. Die Prädorsaldistanz beträgt 28-42 % und die Präanaldistanz 40-54 % der Körperlänge. Der Schwanzstiel hat eine Länge von 5-11 % und eine Höhe von 4-8 % der Körperlänge. Die Länge der Brustflossen beträgt 9-17 % und die der Bauchflossen 7-10 % der Körperlänge. Die Länge des Oberkiefers beträgt 37-45 % und jene des Unterkiefers 48-54 % der Kopflänge. Der Augendurchmesser beträgt 10-16 % und der Augenabstand 20-36 % der Kopflänge. Die Länge des Bartfadens beträgt 13-30 % der Kopflänge.

Die Oberseite ist schwarz-braun bis gelb-grau marmoriert und die Unterseite gelb-braun bis weiß-grau gefärbt. Die Rücken- und Afterflosse

haben oft einen dünnen schwarzen Saum.
In manchen Gewässern (Elbe, Oder) gibt es eine hell (gelb-grau) gefärbte und schneller wachsende Variante, welche eher die Unterläufe der Flüsse besiedelt, und eine dunkel (braun-schwarz) gefärbte und langsamer wachsende Variante, welche eher die Oberläufe besiedelt. In Seen und deren Zuflüsse können ebenfalls beide (Ilmensee, Onegasee) oder auch nur eine Variante vorkommen, wobei die dunkleren Fische oft kleiner und stationär sind bzw. nicht oder noch nicht wandern.
Im Lake Erie und Genessee River (Zufluss des Lake Ontario) sind die Larven bis zur Mesolarvalphase (ca. 10 mm) bis auf die Augen und über der Schwimmblase unpigmentiert. Im restlichen Nord-amerika und in Eurasien sind die Larven auch an der Ober- und Unterseite relativ stark pigmentiert.

Verbreitung:
Die Quappe kommt im Süßwasser von Europa, Asien und Nordamerika zirkumpolar vor (78-40° Nördlicher Breite und 0-180° Westlicher und Östlicher Länge). Das Verbreitungsgebiet erstreckt sich in Eurasien von Glåma sowie Loire und Rhône ostwärts über Po, Donau und Don sowie Wolga und Ural über ganz Sibirien bis zu Amur und Jalu. Sie fehlt auf der Iberischen, Apenninen- und Balkan-Halbinsel sowie auf Kamtschatka, kommt aber auf den Neusibirischen und Schantar-Inseln sowie auf Sachalin vor. Im Osten Englands, wo sie einst von Skerne über Trent bis Blyth River vorkam, ist sie seit etwa 50 Jahren verschwunden. In Nordamerika erstreckt sich das Verbreitungsgebiet von Yukon und Mackenzie sowie Fraser und Columbia über oberen Mississippi und Missouri bis zum Susquehanna und St. Lorenzstrom. Sie fehlt auf Neuschottland und Neufundland sowie auf den arktischen Inseln, kommt aber auf der Insel Kodiak vor. In den 1990er Jahren wurde die Quappe erfolgreich, aber illegal im Green River des Colorado Beckens in Wyoming/USA eingebürgert.
Die Quappe wird derzeit in folgende zwei Unterarten eingeteilt:
Lota lota lota Linnaeus, 1758 (Eurasische Quappe) – kommt in Europa und Sibirien, sowie in Alaska und im Nordwesten Kanadas (von Copper über Yukon bis unteren Mackenzie) vor.
Lota lota maculosa LeSueur, 1817 (Amerikanische Quappe) – kommt im Nordosten Nordamerikas (vom oberen Mackenzie über Fraser, Columbia und Mississippi bis St. Lorenzstrom) vor.
L. l. maculosa hat eine etwas größere Prädorsaldistanz (34-42 zu 28-39 % der Standardlänge) und eine etwas größere Höhe des Schwanzstiels (64-120 zu 31-96 % der Länge des Schwanzstiels) als *L. l. lota*.

Die Eurasische Quappe wurde früher auch noch in eine weitere Unterart (*Lota lota leptura* Hubbs & Schultz, 1941) eingeteilt, die östlich der Lena vorkommt, heute jedoch nicht mehr anerkannt wird.

Lebensweise:
Die Geschlechtsreife wird, im Süden früher als im Norden, bei den Männchen mit einem Alter von 2-4 Jahren mit einer Länge von 20-40 cm und bei den Weibchen mit einem Alter von 3-6 Jahren bei einer Länge von 30-50 cm erreicht. Vor allem im Norden legen einige (10-90 %) der geschlechtsreifen Fische auch eine vegetative Pause ein und laichen nicht jährlich.
Zur Laichzeit können die Fische in Gruppen mit einer Geschwindigkeit von 1-5 km/Nacht 1-200 km flussaufwärts oder in kleinere Seitenbäche wandern, wobei die Männchen oft 3-4 Tage vor den Weibchen an den Laichplätzen erscheinen. Die Laichplätze können sich jedoch auch in stehenden Gewässern in einer Tiefe von 1-100 m befinden.
Die Laichzeit erstreckt sich, je nach Verbreitungsgebiet, von November bis Mai bei einer Wassertemperatur von 0-5 °C, oft unter Eis und dauert meist 1-3 Wochen. In den Zuflüssen ist die Laichzeit manchmal ein Monat früher als in den Seen. In einigen großen und tiefen Seen laichen einige Fische möglicherweise auch noch später, bis Juni/Juli.
Die Abgabe der, je nach Alter und Größe der Fische, 300.000-900.000 Eier pro Kilogramm Körpergewicht erfolgt meist in der Nacht über sandigem bis kiesigem Untergrund mit einer Korngröße von 1-15 mm bei einer Strömungsgeschwindigkeit von 0-15 cm/s. Die Laichabgabe erfolgt in Gruppen von 10-100 Tieren, die sich dicht aneinander gedrängt am Boden in knäuelartige Gebilde formieren, wobei durch Schwanzschläge auch Sediment aufgewirbelt werden kann, sodass 0,3-1,1 m große und 0,1-0,2 m tiefe Vertiefungen entstehen, die wie „Laichgruben“ aussehen und in denen ein kleiner Teil der Eier bis zu 4 cm tief im Sediment vergraben sein kann; der größere Teil der Eier wird aber in strömungsarme Zonen verdriftet.
Die Erbrütungsdauer bis zum Schlupf beträgt etwa 100-160 Tagesgrade und insgesamt 180-240 Tagesgrade bis zur aktiven Nahrungsaufnahme. Im Brackwasser (Salinität >10 ‰) können sich die Embryonen nicht voll entwickeln und die Verluste sind hoch. Die leicht klebrigen, hellgelben Eier haben ein Gewicht von 0,2-0,5 mg und eine Größe von 0,7-1,7 mm. Die frischgeschlüpften Larven sind 3-4 mm lang.
Häufig fressen andere Fische viele Larven (*Alosa, Coregonus, Osmerus, Perca, Rutilus*) oder einige Jungfische (*Acipenser, Brachymystax, Esox, Hucho, Salvelinus, Sander, Stenodus*).

Junge Fische bis zu einer Größe von 15-20 mm sind pelagisch, ältere Fische sind benthisch und halten sich einzeln oder in kleinen Gruppen zunächst ufernah in Flachwasserzonen und im Überschwemmungsbereich später bevorzugt im Tiefenbereich über festem Untergrund auf. Die Quappe kommt in einer Wassertiefe von 0-700 m vor, bevorzugt aber 10-100 m und eine Wassertemperatur von 4-16 °C. Tagsüber verlässt sie ihre Schlupfwinkel unter Steinen, Wurzeln oder ähnlichem außerhalb der Laichzeit nur selten. In der Nacht kommen auch adulte Fische in Flachwasserbereiche oder Ufernähe, im Winter zum Laichen und im Sommer zur Nahrungssuche. Dabei halten sie sich am Tag etwa 5-15 m tiefer als in der Nacht auf (Tiefenveränderung 1-14 m/h).

Die Nahrung besteht anfangs hauptsächlich aus planktischen Krebstieren (Copepoden, Phyllopoden) und Insektenlarven (Plecoptera, Ephemeroptera, Diptera, Trichoptera, Zygoptera), später aus benthischen Krebstieren (*Argulus, Asselus, Astacus, Dikerogammarus, Gammarus, Limnomysis, Mysis, Saduria*) und Fischen (*Barbatula, Catostomus, Cottus, Coregonus, Entosphenus, Esox, Gasterosteus, Gymnocephalus, Hybopsis, Morone, Myoxocephalus, Neogobius, Notropis, Oncorhynchus, Osmerus, Perca, Phoxinus, Prosopium, Pungitius, Rutilus, Salvelinus, Sander, Thymallus, Triglopsis*) sowie Fischlaich und Artgenossen, seltener aus Weichtieren (*Ancylus, Bithynia, Dreissena, Gyraulus, Physella, Radix, Valvata*) und Würmern (*Erpobdella, Tubifex, Polycelis*). Manchmal werden auch Rundmäuler (Neunaugen), Amphibien (Frösche) und Nagetiere (Mäuse) gefressen. Der größte Teil der Nahrung wird in der kalten Jahreszeit aufgenommen, bei einer Wassertemperatur von 6-7 °C täglich etwa 1,4-1,5 % des Körpergewichts. Während der Laichzeit und in der warmen Jahreszeit, bei Wassertemperaturen über 20 °C, wird die Nahrungsaufnahme reduziert oder eingestellt und die Fische verlieren sogar an Gewicht.

Im Einzugsgebiet der Ostsee wandern die Quappen oft von Herbst (Oktober-November) bis Frühjahr (März-Mai) über weite Distanzen ins Salzwasser und wechseln von einem Leben im Brackwasser während des Sommers zu einem Leben im Süßwasser im Winter. Ähnlich wie Salmoniden wandern die Fische dabei jedes Jahr wieder in dieselben Flüsse zurück, in denen sie aufgewachsen sind. Die Aufwärtswanderung erfolgt von September bis November, wenn die Wassertemperatur auf 10-12 °C fällt. Da zum Teil auch nicht geschlechtsreife Fische teilnehmen, ist anzunehmen, dass es sich dabei auch um eine Wanderung zur Nahrungssuche handelt. Erst später, von Oktober bis Dezember, wandern die geschlechtsreifen Fische weiter flussaufwärts. Die Anzahl der aufwärts wandernden Quappen steht dabei manchmal in

Zusammenhang mit der Wasserführung und Mondphase, mit einem Maximum vor Neumond. Die Abwärtswanderung juveniler Quappen wird ebenfalls von den Mondphasen beeinflusst: die stärkste Wanderung findet bei Neumond statt. Quappen sind jedoch schlechte Schwimmer mit geringer Ausdauer. Bei Strömungsgeschwindigkeiten von über 25 cm/s können sie nicht länger als 10 Minuten ihre Position halten.
Das Wachstum ist je nach Lebensraum und Lebensweise sehr unterschiedlich. Die Fische in den Seen wachsen oft besser als in den Flüssen und in den Unterläufen der Flüsse werden die Fische generell größer als in den Oberläufen. Die Weibchen wachsen in der Regel etwas schneller als die Männchen und werden auch älter und größer. Gewöhnlich sind die Fische mit 1 Jahr 10-20 cm, 2 Jahren 20-30 cm, 3 Jahren 25-35 cm, 4 Jahren 30-40 cm lang und 5 Jahren 35-45 cm lang. Die Quappe kann bis zu 180 cm lang, 32 kg schwer und 25 Jahre alt werden.

Bedeutung:
Die Quappe hat eine relativ geringe fischereiliche Bedeutung. Der Fang erfolgt meist mit Stell- und Zugnetzen, sowie Reusen, Angeln und Haken. Die Fische werden meist frisch oder gesalzen verkauft und sind in Eurasien (vor allem in Skandinavien und Russland) geschätzter als in Nordamerika. Auch die Leber wird oft geräuchert und/oder konserviert angeboten und gelegentlich zu Leberöl verarbeitet.
In der Fischerei betrug der weltweite Jahresfang durchschnittlich in den 1970er Jahren 940 t, in den 1980er Jahren 3.720 t, in den 1990er Jahren 3.900 t, und in den 2000er Jahren 3.080 t. Fangländer waren im Jahr 2010 vor allem Russland (72 %) und Finnland (25 %), aber auch Estland, Litauen, Polen, sowie die Schweiz und USA.
Die weltweite Jahresproduktion in der Aquakultur ist noch sehr gering und dürfte in den 2010er Jahren unter 10 t betragen haben. Produktionsländer sind vor allem Deutschland, Österreich, Tschechien, Polen und Lettland, aber auch Belgien und die USA.

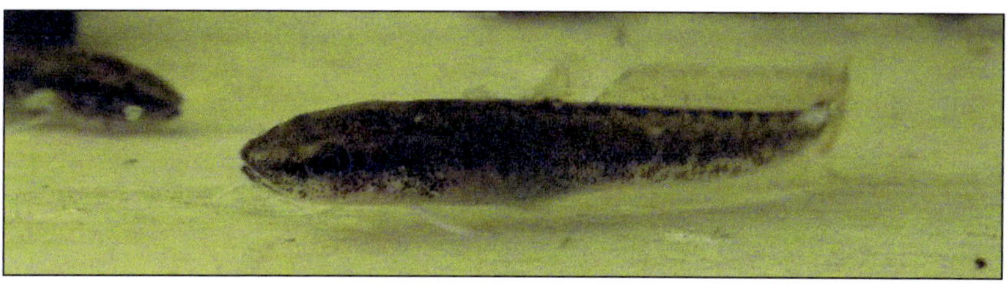

Lota lota (juvenil). (Foto: M. Hochleithner)

Molva LeSueur, 1819

Molva molva. (Foto: T. Holfeld)

Molva molva Linnaeus, 1758. **Gemeiner Leng**

Beschreibung:
Erste Rückenflosse mit 14-15 und zweite Rückenflosse mit 61-70 Flossenstrahlen, Afterflosse mit 58-65 Flossenstrahlen, Brustflossen mit 18-21 Flossenstrahlen, Bauchflossen mit 6-7 Flossenstrahlen, 11-12 Kiemenreusendornen, 63-65 Wirbel.
Die Schnauze beträgt 30-33 % der Kopflänge und diese wiederum 20-22 % der Gesamtlänge. Die Prädorsaldistanz beträgt 26-28 % und die Präanaldistanz 45-47 % der Gesamtlänge. Der Schwanzstiel hat eine Länge von 8-9 % und eine Höhe von 4-5 % der Gesamtlänge. Die Länge der Brust- und Bauchflossen beträgt 10-12 % der Gesamtlänge. Die Länge des Oberkiefers beträgt 39-45 % und jene des Unterkiefers 51-53 % der Kopflänge. Der Augendurchmesser beträgt 16-22 % und der Augenabstand 9-10 % der Kopflänge. Die Länge des Bartfadens beträgt 28-29 % der Kopflänge.

Die Oberseite ist rot-braun bis grau-grün und die Unterseite gelb-weiß gefärbt bis gefleckt. Die beiden Rückenflossen, sowie die Schwanz- und die Afterflosse haben je einen schwarzen Fleck oder Rand am Ende und einen gelb-weißen Saum. Die Jungfische sind oft marmoriert.

Verbreitung:
Der Gemeine Leng kommt im Salzwasser des nördlichen Atlantischen Ozeans von Europa und Nordafrika vor (75-35° Nördlicher Breite und 55° Westlicher bis 44° Östlicher Länge). Das Verbreitungsgebiet erstreckt sich von der Südküste von Grönland über Island sowie der Westküste der Barentssee über die Nordsee und westliche Ostsee bis ins westliche Mittelmeer.

Lebensweise:
Die Geschlechtsreife wird mit einem Alter von 5-8 Jahren erreicht, mit einer Länge von 60-80 cm bei den Männchen und 70-90 cm bei den Weibchen.
Die Laichzeit erstreckt sich, je nach Verbreitungsgebiet, von März bis Juli bei einer Wassertemperatur von 6-10 °C.
Die Abgabe der 10-60 Millionen Eier pro Weibchen erfolgt in einer Wassertiefe von 50-300 m. Die pelagischen Eier haben eine Größe von 1,3-1,5 mm und die frischgeschlüpften Larven eine Länge von 3-4 mm.
Jüngere Fische bevorzugen seichteres Wasser und küstennähere Bereiche als ältere Fische, die benthisch sind, kaum wandern und sich einzeln oder in kleinen Gruppen bevorzugt über felsigem Untergrund aufhalten. Sie kommen in einer Wassertiefe von 20-1.300 m vor, bevorzugen aber eine Tiefe von 100-300 m.
Die Nahrung besteht hauptsächlich aus Fischen (Clupeidae, Gadidae, Pleuronectidae) und Krebstieren (Decapoda), sowie gelegentlich aus Weichtieren (Kopffüßern) und Stachelhäutern (Seesternen).
Das Wachstum ist je nach Meeresgebiet und Nahrungsangebot bzw. Breitengrad und Temperatur unterschiedlich. Beide Geschlechter wachsen etwa gleich schnell, die Weibchen werden allerdings älter und größer als die Männchen. Gewöhnlich sind die Fische mit 3 Jahren 40-60 cm, 5 Jahren 60-75 cm und 10 Jahren 95-105 cm lang.
Der Gemeine Leng kann bis zu 210 cm lang, 35 kg schwer und 25 Jahre alt werden.

Bedeutung:
Der Gemeine Leng hat eine mäßige fischereiliche Bedeutung. Der Fang erfolgt meist (>50 %) mit Langleinen, seltener (je <20 %) mit Schlepp-

und Stellnetzen. Die Fische bzw. Hälften oder Filets werden frisch und gefrostet oder eingesalzen und luftgetrocknet „Klippfisch“ verkauft. Die Eier bzw. Ovarien werden gelegentlich auch verarbeitet.
In der Fischerei betrug der weltweite Jahresfang durchschnittlich in den 1950er Jahren 30.010 t, in den 1960er Jahren 42.620 t, in den 1970er Jahren 57.030 t, in den 1980er Jahren 59.160 t, in den 1990er Jahren 52.100 t, und in den 2000er Jahren 38.890 t. Fangländer waren im Jahr 2010 vor allem Norwegen (54 %) sowie die Färöern (20 %) und Großbritannien (13 %), aber auch Frankreich, Spanien, Dänemark, Deutschland und Belgien, sowie Grönland.
In der Aquakultur wird der Leng noch nicht produziert.

Molva molva (juvenil). (Foto: T. Holfeld)

Molva dypterygia Pennant, 1784. **Blauleng**

Molva dypterygia. (Foto: MAREANO)

Beschreibung:

Erste Rückenflosse mit 11-14 und zweite Rückenflosse mit 72-84 Flossenstrahlen, Afterflosse mit 70-81 Flossenstrahlen, Brustflossen mit 18-20 Flossenstrahlen, Bauchflossen mit 6-7 Flossenstrahlen, 11-12 Kiemenreusendornen, 76-79 Wirbel.

Die Schnauze beträgt 32-33 % der Kopflänge und diese wiederum 17-18 % der Gesamtlänge. Die Prädorsaldistanz beträgt 23-26 % und die Präanaldistanz 38-44 % der Gesamtlänge. Der Schwanzstiel hat eine Länge von 7-9 % und eine Höhe von 2-3 % der Gesamtlänge. Die Länge der Brust- und Bauchflossen beträgt 9-10 % der Gesamtlänge. Die Länge des Oberkiefers beträgt 43-44 % und jene des Unterkiefers 60-61 % der Kopflänge. Der Augendurchmesser beträgt 23-27 % und der Augenabstand 7-9 % der Kopflänge. Die Länge des Bartfadens beträgt 15-16 % der Kopflänge.

Die Oberseite ist braun-grau bis blau-grau und die Unterseite weiß-grau gefärbt bis gefleckt. Die zweite Rücken-, Schwanz- und Afterflosse haben einen schwarzen Streifen am Ende und einen gelb-weißen Saum. Die Jungfische sind an den Seiten oft gefleckt.

Verbreitung:
Der Blauleng kommt im Salzwasser des nördlichen Atlantischen Ozeans von Europa und Nordafrika vor (79-29° Nördlicher Breite und 65° Westlicher bis 44° Östlicher Länge). Das Verbreitungsgebiet erstreckt sich von der Ostküste Grönlands sowie der Südküste Spitzbergens und der Westküste der Barentssee über Island und die Britischen Inseln bis ins westliche Mittelmeer. Einzelne Exemplare sind auch von der Nordost-küste Nordamerikas (Neufundland und Labrador) bekannt.

Lebensweise:
Die Geschlechtsreife wird mit einem Alter von 8-11 Jahren erreicht, mit einer Länge von 65-75 cm bei den Männchen und 80-90 cm bei den Weibchen.
Die Laichzeit erstreckt sich, je nach Verbreitungsgebiet, von Januar bis Juni bei einer Wassertemperatur von 5-8 °C.
Die Abgabe der mehrerern Millionen Eier pro Weibchen erfolgt in einer Wassertiefe von 500-1.100 m.
Ältere Fische sind benthisch, wandern kaum und halten sich einzeln oder in kleinen Gruppen bevorzugt über schlammigem Untergrund auf. Sie kommen in einer Wassertiefe von 50-2.000 m vor, bevorzugen aber eine Tiefe von 300-700 m.
Die Nahrung besteht hauptsächlich aus Fischen (Gadidae, Gobiidae, Macrouridae, Pleuronectidae, Zoarcidae) und Krebstieren (Decapoda, Euphausiacea).
Das Wachstum ist je nach Meeresgebiet und Nahrungsangebot bzw. Breitengrad und Temperatur unterschiedlich. Die Fische in der Nordsee wachsen schneller als jene um Island und den Färöer-Inseln. Die Weibchen wachsen etwas schneller und werden auch größer als die Männchen. Gewöhnlich sind die Fische mit 10 Jahren 85-95 cm, 15 Jahren 110-130 cm und 20 Jahren 115-135 cm lang.
Der Blauleng kann bis zu 155 cm lang, 17 kg schwer und 30 Jahre alt werden.

Bedeutung:
Der Blauleng hat eine mäßige fischereiliche Bedeutung. Der Fang erfolgt meist mit Langleinen und seltener mit Schleppnetzen. Die Fische bzw. Hälften oder Filets werden gefrostet oder eingesalzen und luftgetrocknet „Klippfisch" verkauft.
In der Fischerei betrug der weltweite Jahresfang durchschnittlich in den 1950er Jahren 4.450 t, in den 1960er Jahren 6.280 t, in den 1970er Jahren 13.500 t, in den 1980er Jahren 24.945 t, in den 1990er Jahren

12.360 t, und in den 2000er Jahren 11.350 t. Fangländer waren im Jahr 2010 vor allem Island (50 %) sowie Frankreich (20 %) und die Färöern (18 %), aber auch Spanien, Norwegen und Großbritannien, sowie Russland und Portugal.
In der Aquakultur wird der Blauleng nicht produziert.

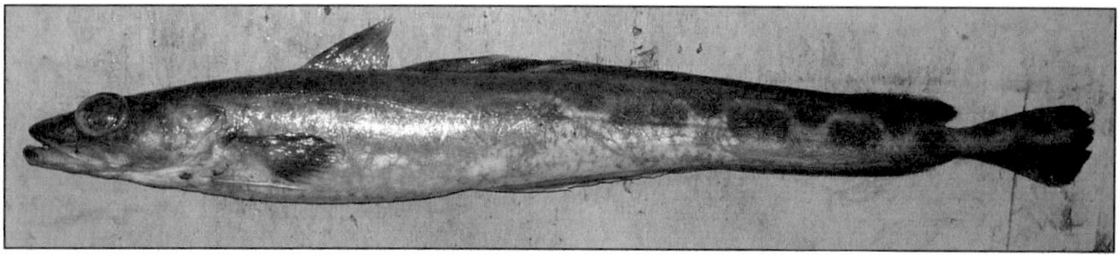

Molva dypterygia (subadult). (Foto: A. V. Dolgov)

Molva macrophthalma Rafinesque, 1810. **Mittelmeerleng**

Molva macrophthalma. (Foto: P. Oliveira)

Beschreibung:

Erste Rückenflosse mit 10-12 und zweite Rückenflosse mit 76-83 Flossenstrahlen, Afterflosse mit 73-78 Flossenstrahlen, Brustflossen mit 16-18 Flossenstrahlen, Bauchflossen mit 6-7 Flossenstrahlen, 10-11 Kiemenreusendornen, 80-84 Wirbel.

Die Schnauze beträgt 32-35 % der Kopflänge und diese wiederum 15-17 % der Gesamtlänge. Die Prädorsaldistanz beträgt 22-25 % und die Präanaldistanz 36-40 % der Gesamtlänge. Der Schwanzstiel hat eine Länge von 7-9 % und eine Höhe von 2-3 % der Gesamtlänge. Die Länge der Brustflossen beträgt 8-10 % und die der Bauchflossen 11-13 % der Gesamtlänge. Die Länge des Oberkiefers beträgt 40-43 % und jene des Unterkiefers 57-60 % der Kopflänge. Der Augendurchmesser beträgt 24-28 % und der Augenabstand 6-8 % der Kopflänge. Die Länge des Bartfadens beträgt 12-19 % der Kopflänge.

Die Oberseite ist grau-braun bis rot-grau und die Unterseite silberig-weiß gefärbt. Die schwarz-graue zweite Rücken-, Schwanz- und Afterflosse haben einen schwarzen Streifen am Ende und einen dünnen weißen Saum. Die Jungfische sind kaum gefleckt.

Verbreitung:
Der Mittelmeerleng kommt im Salzwasser des Atlantischen Ozeans sowie im Mittelmeer von Europa, Afrika und Asien vor (59-30° Nördlicher Breite und 32° Westlicher bis 36° Östlicher Länge). Das Verbreitungsgebiet erstreckt sich von der Ostküste der Britischen Inseln über die Azoren und Gibraltar bis zur Westküste von Vorderasien.

Lebensweise:
Die Geschlechtsreife wird von beiden Geschlechtern mit einem Alter von 8-10 Jahren bei einer Länge von etwa 40-50 cm erreicht.
Die Laichzeit erstreckt sich von Mai bis Juni bei einer Wassertemperatur von 8-9 °C.
Die Abgabe der zahlreichen Eier erfolgt in einer Wassertiefe von 500-1.000 m.
Ältere Fische sind benthisch, wandern kaum und halten sich einzeln oder in kleinen Gruppen bevorzugt über steinigem Untergrund auf und kommen in einer Wassertiefe von 50-1.000 m vor.
Die Nahrung besteht hauptsächlich aus Fischen (Gaidropsaridae, Gadidae) und Krebstieren (Decapoda).
Die Lebensweise dürfe sonst ähnlich wie beim Blauleng sein, dem er auch nahe steht, das Wachstum ist allerdings langsamer und der Mittelmeerleng bleibt auch kleiner.
Der Mittelmeerleng kann bis zu 110 cm lang und 7 kg schwer werden.

Bedeutung:
Der Mittelmeerleng hat keine fischereiliche Bedeutung. Gelegentlich wird er jedoch als Beifang in Schleppnetzen mitgefangen, in den Fangstatistiken allerdings nicht separat aufgeführt.
In der Fischerei betrug der weltweite Jahresfang durchschnittlich in den 2000er Jahren 10 t. Fangland war im Jahr 2010 vor allem Spanien.
In der Aquakultur wird der Mittelmeerleng nicht produziert.

Molva macrophthalma (juvenil). (Foto: F.Tiralongo)

AQUAKULTUR

Vermehrung

LAICHFISCHFANG:

Die Laichfische werden am besten kurz vor oder zur Laichzeit (oft vor Eisbildung) an den Laichplätzen in natürlichen Gewässern mit Netzen, Reusen oder Elektrofischereigeräten gefangen.
Stellnetze aus monofilem oder multimonofilem Polyamid mit einer Maschenweite von vorzugsweise 40-60 mm eignen sich für den Fang von Laichfischen eher weniger, da sich die sonst glitschigen Quappen meist nur an den Kiemenöffnungen oder Oberkiefern verfangen und sich dann meist stark eindrehen, was zu stärkeren Verletzungen bzw. zum Ersticken führen kann. Deshalb kann man Quappen aus Stellnetzen meist nicht lange hältern, sondern sollte sie, wenn möglich, gleich abstreifen und anschließend einer Verwertung als Speisefisch zuführen. Die vorzugsweise 2-3 m hohen und 30-100 m langen Kiemennetze werden an einer Boje fixiert und oft 2-4 Netze zu einem Satz aneinandergehängt. Die Netze werden – meist über Nacht – auf der Halde vom Ufer in Richtung Gewässermitte ausgelegt.
Zugnetze (mit oder ohne Sack) aus geknotetem oder knotenlosem multifilem Polyamid mit einer Maschenweite von vorzugsweise 20-30 mm würden sich für den Fang von Laichfischen auf den Laichplätzen eignen, werden aber wegen der geringen Bestandsdichten meist nicht oder nur sehr selten in Seen verwendet.
Flügelreusen (mit oder ohne Leitnetz) aus geknotetem oder knotenlosem multifilem Polyamid mit einer Maschenweite von vorzugsweise 15-25 mm eignen sich für den Fang von Laichfischen gut. Die unbeköderten Reusen (Ø 50-100 cm) mit 1-2 Kehlen werden meist an der Schar nahe der Uferlinie aufgestellt. Um Stress für die Fische zu minimieren erfolgt die Kontrolle bzw. Entleerung der Reusen täglich.
Elektrofischereigeräte mit einer Leistung von 1-10 kW und einer Spannung von 150-450 Volt, mit gut geglättetem Gleichstrom (Restwelligkeit unter 5 %) bei einer Leitfähigkeit von 100-1000 µS/cm, oder eventuell Impulsstrom (50-70 Impulse/Sekunde, 1 ms) bei zu hoher oder zu niedriger Leitfähigkeit werden vor allem in kleineren Gewässern, vom Ufer oder Boot aus, eingesetzt. Bei der Elektrofischerei schwimmen die Fische aufgrund einer Zwangsreaktion in einem Stromfeld mehr oder weniger zielgerichtet auf die ins Wasser eingetauchte Fangelektrode (Anode) zu, werden in deren Nähe betäubt und sofort abgekeschert.
Die Laichfische werden nach dem Fang eventuell nach Reifegrad sortiert möglichst schonend in eine Hälterung transportiert.

Geschlechtsreife Quappe (Wildfang). (Foto: M. Hochleithner)

Hälterbecken für Laichfische. (Foto: M. Hochleithner)

LAICHFISCHHALTUNG:

In Fällen, in denen man wegen Qualität und Quantität nicht von Wildfischfängen abhängig sein möchte und/oder Zuchtauslese (Selektion) betrieben werden soll, wird ein Laichfischbestand in künstlichen Gewässern gehalten. Für Quappen werden dabei Teiche oder Becken verschiedener Form und Größe benutzt. Voraussetzung zur Gametenreifung sind optimale Haltungsbedingungen. Hierbei sind gute Umweltbedingungen und eine optimale Futterversorgung von wesentlicher Bedeutung.

Für die kurzfristige Hälterung der Laichfische eignen sich kleinere Becken besser als größere Teiche. Letztere eignen sich eher für eine langfristige Haltung der Laichfische. Da Quappen nachtaktiv und lichtscheu sind, sollten die Becken gut abgedunkelt werden. In Teichen können Schattiermatten und Versteckmöglichkeiten (Rohre) helfen. Die Besatzdichte kann bis zu 30 kg/m^3 betragen. Gefüttert werden wildgefangene Laichfische normalerweise mit gefrosteten, frischen oder lebenden Kleinfischen (Cypriniden, Salmoniden), wobei die Fütterungsrate bis zu 10 % alle 2-3 Tage beträgt, nicht jedoch kurz vor und zur Laichzeit. Das Zuflusswasser sollte eine gute Qualität aufweisen (ähnlich wie für Forellen) und die Wassertemperatur sollte gleich oder, wenn möglich, niedriger als im Fanggebiet sein (optimal 1-4 °C).

Als Laichfische eignen sich am besten Fische die 45-65 cm lang sind bzw. 0,5-1,0 kg schwere Männchen und 1,0-2,0 kg schwere Weibchen. Die Weibchen (Rogner) sind durch die Eimasse oft dicker und schwerer, sie haben oft eine vorgewölbte, rötlich geschwollene Geschlechtsöffnung. Die Männchen (Milchner) sind meist schlanker und kleiner, sie haben eine eingezogene, nicht rötlich geschwollene Geschlechtsöffnung.

Beim Hantieren mit Laichfischen sollte besonders sorgfältig und schonend vorgegangen werden. Für das Abfischen von Teichen eignen sich vor allem Zugnetze mit einer Maschenweite von 10-15 mm. Für das Herausfangen aus Becken werden am besten D-förmige Kescher mit einer Maschenweite von 8-12 mm verwendet. Für das Tragen der Fische eignen sich runde Kunststoffwannen mit einem eingelassenen Handgriff aus Metall, die ein Volumen von 50-100 l haben. Eine Markierung der Laichfische ist für Züchtungsvorhaben nützlich, dazu eignen sich vor allem PIT-Tags. Für eine kurzzeitige Betäubung eignet sich Nelkenöl in einer Konzentration von ca. 1 Tropfen (bzw. genauer 0,03-0,07 mg) pro Liter Wasser, für etwa 4-8 Minuten (je nach Wassertemperatur).

Futteraufnahme von Fischnahrung bei der Quappe
in Abhängigkeit von der Wassertemperatur:
(Nach: Pääkkönen & Marjomäki, 1997)

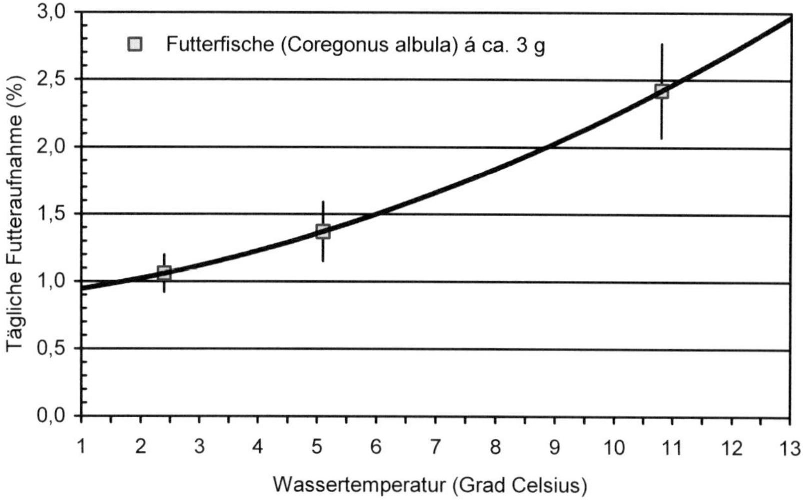

Verdauungszeiten von Fischnahrung bei der Quappe
in Abhängigkeit von der Wassertemperatur:
(Nach: Pääkkönen & Marjomäki, 1997)

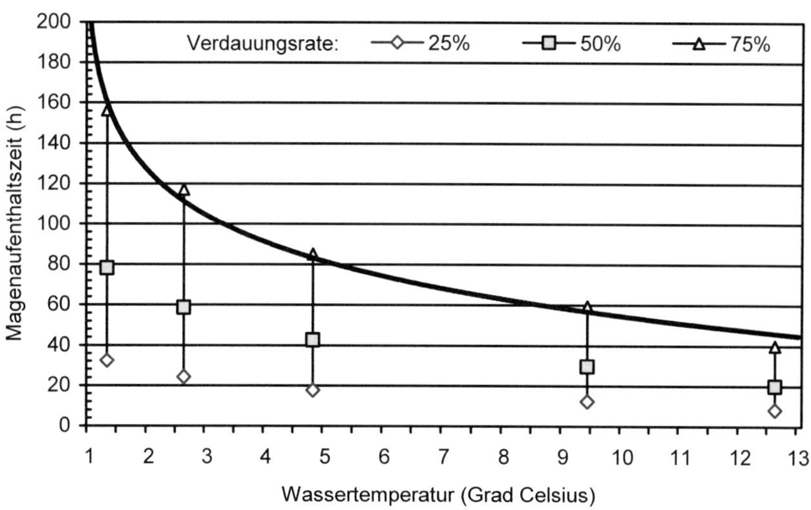

EIGEWINNUNG:

Werden die Quappen für 1-3 Wochen bei einer Wassertemperatur von 5-6 °C gehalten und anschließend binnen 1-2 Tagen auf 1-2 °C heruntergekühlt (oder eventuell auch umgekehrt), so laichen die Fische oft innerhalb von 1-3 Wochen von selbst im Becken ab, meist in den späten Abend- oder frühen Morgenstunden. Andernfalls kann sich die Reifung und Laichabgabe auch bis zu einem Monat hinziehen, wobei 4-6 Jahre alte Fische oft 4-12 Tage früher als jüngere und ältere Fische ablaichen. Die Eier können sowohl vom Boden abgesaugt als auch vom Ablaufwasser abgefangen werden (Maschenweite 0,5 mm). Dabei liegen die Befruchtungsrate bei 95 % und die Augenpunktrate bei 85 %. Will man die Ablaichperiode verkürzen, können die Laichfische auch hypophysiert werden, was bei Quappen aber sonst nicht notwendig ist. Durch die Hypophysierung (Injektion von natürlichen Hypophysenextrakt oder künstlichen Hormonanalogen) kommt es zum Ansteigen des Gonadotropingehalts im Blut und in der Folge zu einer irreversiblen Reifung und einer Loslösung der Eier im Eierstock (Ovulation), die normalerweise erst kurz vor dem Laichvorgang einsetzt. Die Injektion erfolgt intramuskulär im Rücken auf etwa 1/3 der Körperlänge hinter dem Kopf. Die Kanüle wird im Winkel von 45 Grad in den Muskel gestochen, um mehr Muskelmasse zur Verfügung zu haben. Beim Zurückziehen der Nadel wird ein Finger auf die Einstichstelle gedrückt, und nach Entfernen der Nadel leicht massiert. Die Dosis beträgt für beide Geschlechter etwa 20 µg Gn-RHa (sowie eventuell 10 mg Domperidon oder Metoclopramid) je Kilogramm Körpergewicht. Die Laichfische sind dann meist 3-7 Tage nach Hypophysierung reif und laichen von selbst im Becken ab. Alternativ kann man die Laichfische auch herausfangen und manuell abstreifen. Zum Streifen wird der Fisch mit einer Hand, eventuell mit einem Tuch, am Schwanzstiel gehalten, mit der anderen Hand werden durch mäßigen Druck auf den Bauch vor der Geschlechtsöffnung die Geschlechtsprodukte (Eier, Sperma) durch die Geschlechtsöffnung abgestreift. Während des Abstreifvorganges drückt man den Fisch gegen sich selbst und biegt den Schwanzstiel des Fisches leicht zurück. Bei den Männchen können etwa 10-30 ml Sperma je Kilogramm Körpergewicht abgestreift werden, wobei 30-90 % der Spermien für 30-60 Sekunden mobil sind. Bei den Weibchen können etwa 500.000-700.000 Stück Eier je Kilogramm Körpergewicht abgestreift werden, wobei 65-95 % der Weibchen ovulieren. Die Befruchtungsrate der Eier beträgt dabei etwa 55-95 % und die Überlebensrate der Laichfische etwa 90-100 %.

Kurzzeitig kann man Sperma ohne Wasser bei 4 °C auch 1-3 Tage lagern bzw. in Thermosflaschen auf Eis transportieren. Der Prozentsatz der mobilen Spermien sinkt dabei allerdings nach 24 Stunden um etwa 75 %, nach 48 Stunden um 80 % und nach 72 Stunden um 90 %. Langzeitig kann das Sperma auch gefrierkonserviert werden, so ist es Jahrzehnte haltbar. Für die Gefrierkonservierung wird Sperma mit 1,5 % Glucose, 7 % Eidotter und 10 % Methanol als Gefrierschutz versetzt und 1,0 cm über dem Stickstoffspiegel in 0,5 ml Pailletten eingefroren und anschließend in flüssigem Stickstoff bei -196 °C gelagert. Für die Befruchtung werden die Eier 1:1,7x10^6 mit gefrierkonservierte Sperma vermischt, das im Wasserbad bei 25 °C für 20 Sekunden aufgetaut wurde. Anschließend wird eine Salzlösung (25-50 mmol/l NaCl, pH 8,5) im Verhältnis 1:2-3 (Sperma:Lösung) untergemischt. Die Befruchtungsraten sind bei gefrierkonserviertem Sperma jedoch oft etwas (ca. 5 %) schlechter als bei frischem Sperma.

Die Befruchtung erfolgt sonst am besten sofort nach dem Abstreifen der Eier durch Vermischen mit Sperma (25-45x10^9 Spermatozoa/ml) mehrerer (2-4) Männchen und nach 1-3 Minuten die Zugabe von Wasser. Für die Befruchtung sollten die Temperatur bei 4-6 °C und der pH-Wert über 7,0 betragen, da sich sonst die Mobilität der Spermien, welche >75 % betragen sollte, stark verringert. Nach der Befruchtung werden die Eier für 15-30 Minuten verrührt und das Wasser gewechselt bis die Eier gequollen und die Klebrigkeit weitgehend verschwunden ist.

Die Eier haben ungequollen ein Gewicht von 0,3-0,5 mg und gequollen einen Durchmesser von 0,9-1,1 mm, wobei kleinere Weibchen (Körpergewicht <100 g) auch kleinere Eier haben als größere (Körpergewicht >1.000 g). Beim Quellen nehmen die Eier etwa 70 % an Volumen zu. Nach dem Quellen (400.000-800.000 St./l), werden die Eier, am besten nach Weibchen getrennt, in die Erbrütungsgefäße überführt. Eine Desinfizierung der gequollenen Eier kann mit 1 %igem Jodophore (25-50 mg/l) für 15-30 Minuten erfolgen.

Um triploide und damit sterile Fische zu erzeugen, welche keine bzw. nur kleine Gonaden ausbilden und sich somit das Wachstum und die Schlachtausbeute ab Erreichen der Geschlechtsreife erhöhen lässt, muss der zweite Chromosomensatz der Eizelle erhalten bleiben. Um die Reduktionsteilung (Meiose) zu verhindern wird eine physikalische Schockbehandlung durch-geführt. Sie erfolgt am besten mit einem Druckschock von 560-570 bar (8.500 psi) für 10 Minutengrade (beginnend 180 Minutengrade nach der Befruchtung), oder alternativ mit einem Temperaturschock von 16 °C für 500 Minutengrade (beginnend 120 Minutengrade nach der Befruchtung).

Ablaichbecken mit Laichfischen. (Foto: H. Wocher)

Zugergläser mit Quappeneiern. (Foto: H. Wocher)

ERBRÜTUNG:

Die Erbrütung der Eier erfolgt in Erbrütungsgläsern (McDonald- oder Zugergläsern) oder ähnlichen trichterförmigen Systemen, bei denen der Wasserzulauf von unten erfolgt und die Eier damit in leichte Rotation versetzt werden. Damit die Eier nicht ausgeschwemmt werden, sollten sie eventuell mit feinem Gazenetz (0,5-1,0 mm) abgedeckt werden. Bei der Erbrütung beträgt der Wasserdurchfluss für ein Zugerglas mit 7-9 l Volumen, je nach Eimenge, etwa 1-2 l pro Minute. Abgestorbene Eier sind oft etwas größer und trüber als lebende Eier und sammeln sich mit der Zeit oben im Erbrütungsglas. Sie sollten von dort regelmäßig (alle 1-2 Tage) mit einem kleinen Gummischlauch (ca. Ø 5 mm) abgesaugt werden. Gegen Verpilzungen (*Saprolegnia*) werden die Eier am besten alle 1-2 Tage mit 36 %igem Formalin (1:1000) für 15-20 Minuten behandelt.

Die Entwicklungsdauer der Eier bis zum Schlupf der Larven beträgt durchschnittlich etwa 130 (100-160) Tagesgrade. Bis alle Larven geschlüpft sind kann es mehrere weitere Tage dauern; bei einer Wassertemperatur von 6 °C 7 Tage, bei 4 °C 11 Tage und bei 2 °C 19 Tage. Eine Erhöhung der Wassertemperatur auf 8-9 °C reduziert die Schlupfzeit auf 4-6 Tage. Dies darf aber frühestens nach 60-80 Tagesgraden bzw. nach Erreichen des Augenpunktstadiums oder besser erst kurz vor dem Schlupf geschehen, ansonsten kann die Mortalität bei den Eiern bzw. Embryonen, die normalerweise meist 20-40 % beträgt, bis zu 100 % betragen.

Nach dem Schlupf gehen die Larven mit der Strömung aus den Erbrütungsgläsern oder werden mit einem kleinen Schlauch abgesaugt und in die Aufzuchtbecken überführt. Die etwa 3,5-4,0 mm kleinen Larven liegen vorerst am Boden und zehren von den im Dottersack enthaltenen Reservestoffen. Die nächsten Tage werden immer wieder kurze Schwimmbewegungen durchgeführt, die kontinuierlich zunehmen (siehe Abb.). Dabei nehmen das Volumen des Öltropfens und des Dottersacks kontinuierlich ab und das Volumen der Schwimmblase zu. Nach 3-7 Tagen haben die meisten Larven ihre Schwimmblase mit Luft gefüllt, was durch eine geringe Wassertiefe (ca. 10-20 cm) erleichtert wird, und sie sind dann schwimmfähig. Je nach Wassertemperatur sind die Larven 1-2 Wochen bzw. 50-90 Tagesgrade nach dem Schlupf etwa 4,0-4,5 mm lang (0,3-0,4 mg schwer) und es muss mit dem Anfüttern begonnen werden, wobei die Wassertiefe (auf 30-50 cm) erhöht werden sollte. Vom Schlupf bis zur Fressfähigkeit beträgt die Überlebensrate der Larven etwa 50 (30-70) %.

Überlebensraten von Quappeneiern
in Abhängigkeit von der Erbrütungstemperatur:
(Nach: Lahnsteiner et al., 2012; Vught et al., 2008)

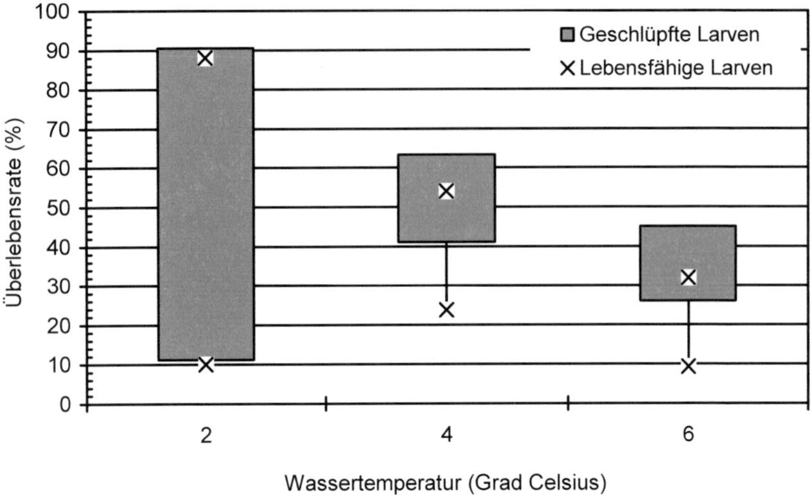

Überlebensraten von Quappeneiern
in Abhängigkeit vom Erbrütungssystem:
(Nach: Jensen et al., 2008)

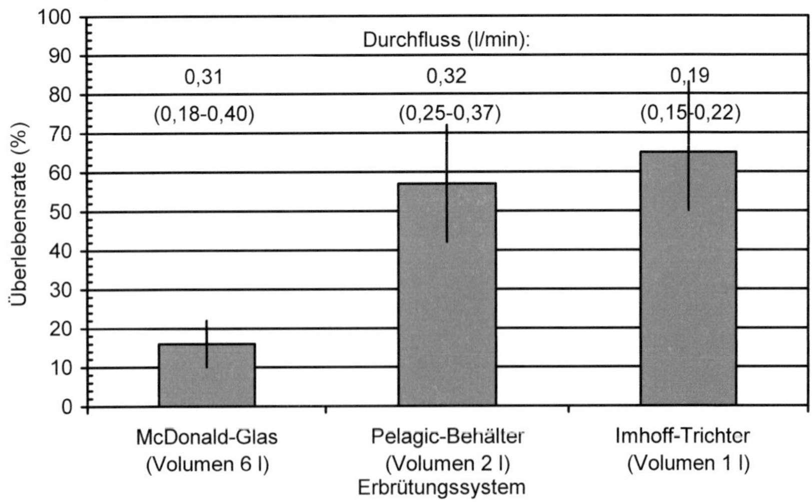

Aktivitätsveränderung bei Quappenlarven
in Abhängigkeit vom Alter:
(Nach: Palińska-Żarska et al., 2014)

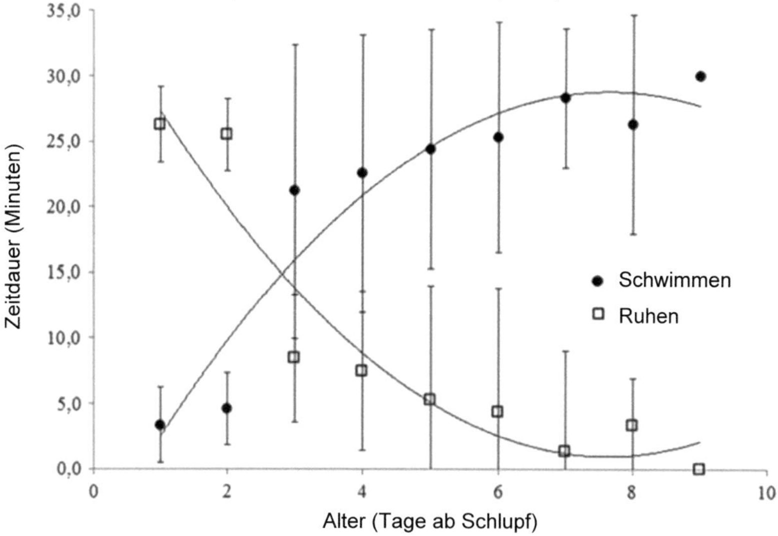

Entwicklungsfortschritt der Quappenlarven
in Abhängigkeit vom Alter:
(Nach: Palińska-Żarska et al., 2014)

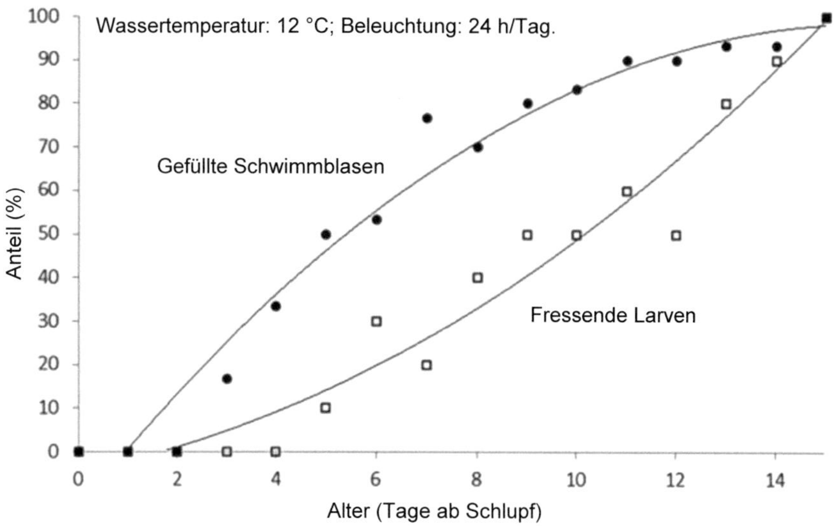

Entwicklungsstadien der Quappenlarven

in Abhängigkeit von Alter und Größe:

(Nach: Kupren et al., 2014)

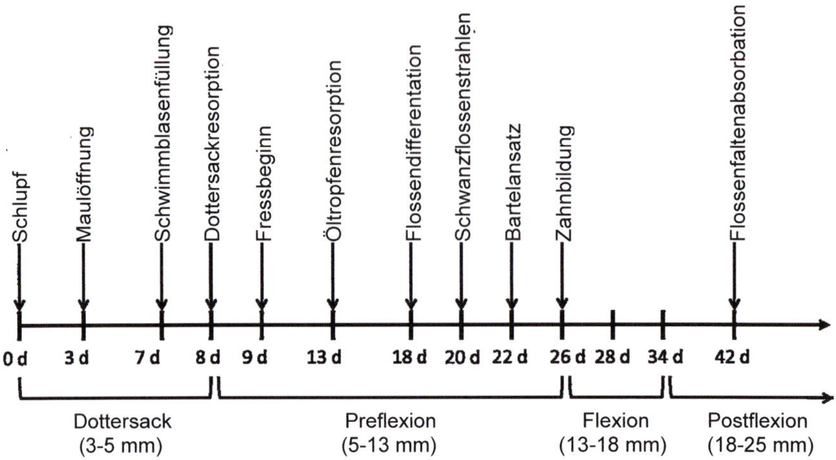

Hinweise: Wassertemperatur 10 °C bis Tag 7, 10-16 °C von Tag 7-10, 16 °C ab Tag 10; Beleuchtung 12 h/Tag; Fütterung Artemia-Nauplien; d = Alter in Tage nach Schlupf.

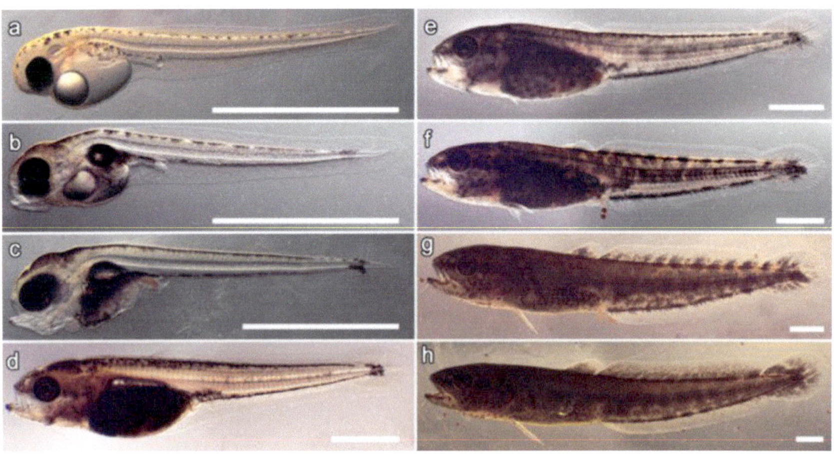

Larvenentwicklung der Quappe. (Nach: Kupren et al., 2014)

Erklärungen: a - Dottersacklarve (3,9 mm – Tag 0), b - Schwimmfähige Larve (4,3 mm – Tag 8), c - Fressfähige Larve (5,1 mm – Tag 13), d - Preflexion Larve (10,2 mm – Tag 22), e - Flexion Larve (12,6 mm – Tag 26), f - Flexion Larve (16,3 mm – Tag 34), g - Postflexion Larve (24,1 mm – Tag 42), h - Jungfisch (28,0 mm – Tag 48); Skala = 2 mm.

Aufzucht

BECKENHALTUNG:

Da Quappen sehr kleine Larven haben, benötigen sie anfangs lebende Futterorganismen. Die besten Ergebnisse werden mit wildgefangenem Zooplankton erzielt. Allerdings auch nur dann, wenn die räuberischen und größeren Zooplankter vorher wegsortiert werden. Versuche, das Zooplankton nach dem Fang zu Sieben, stellten sich jedoch als nicht praktikabel heraus. Der Fang des kleinen Zooplanktons erfolgt in Seen mit speziellen mehrlagigen Planktonnetzen, die das Plankton bereits beim Schleppen des Netzes in verschiedene Größenklassen sortieren (siehe Abb.). Dabei werden in den ersten 1-2 Monaten bzw. bis zu einer Fischlänge von min. 10 mm Gazegewebe mit Maschenweiten von 100-200 µm für das Fangnetz (Außennetz) und 200-400 µm für das Siebnetz (Innennetz) verwendet, gelegentlich auch noch ein Schutznetz mit 400-600 µm. Anschließend können normale, einlagige Planktonnetze mit einer Maschenweite von 250-350 µm eingesetzt werden. Der Fang bzw. die Fütterung mit Zooplankton erfolgt 1-3 Mal pro Tag (anfangs täglich 40-160 Zooplankter pro Larve bzw. 10-40 g/m^3, später bis zu 1 kg/m^3.

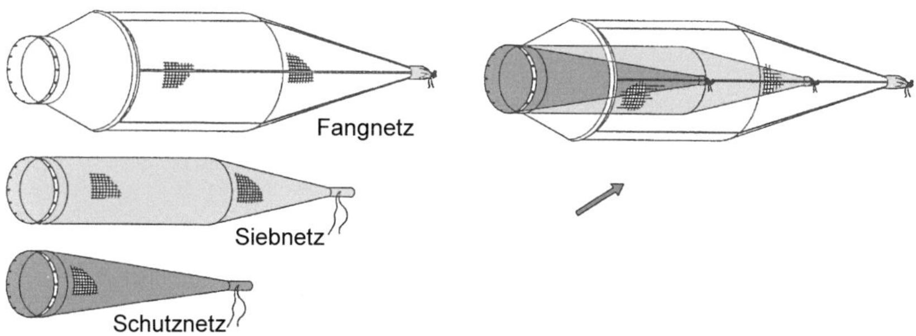

Mehrlagiges Planktonschleppnetz. (Skizze: V. Steiner)

Die Nahrung der Quappenlarven während der ersten 2 Wochen besteht aus Rotatorien, Nauplien und Copepoditen mit einer Größe von 100-500 µm (Mikrometer). Für die nächsten 2 Wochen benötigen die Brütlinge bis zu einer Fischlänge von etwa 7 mm, Nährtiere in der Größe von 400-800 µm. Anschließend, ab einer Fischlänge von 10 mm, können auch Zooplankter mit einer Größe von über 800 µm bewältigt werden und ab einer Fischlänge von etwa 16 mm werden fast ausschließlich die größten verfügbaren Zooplankter (Copepoden, Phyllopoden) gefressen.

Übereinander stehende Rundstrombecken aus Kunststoff. (Foto: M. Hochleithner)

Nebeneinander stehende Langstrombecken aus Metall. (Foto: M. Hochleithner)

Für die kontrollierte Aufzucht der Quappen eignen sich besonders Rund- (L x B x H: 1,0-2,0 x 1,0-2,0 x 0,5-0,7 m) oder Langstrombecken (L x B x H: 3,0-9,0 x 0,5-1,5 x 0,3-0,5 m) mit geringer Wasserströmung und geringem Durchfluss (max. 0,1 $l/s/m^3$). Die Wassertemperatur sollte 8-12 °C betragen. Die Abläufe der Becken werden mit einem Boden- oder Standsieb (Maschenweite ca. 0,3 mm) abgedeckt, das eine möglichst große Fläche hat, damit die Larven durch das abfließende Wasser nicht ans Sieb gedrückt werden. Die Becken sollten beim Anfüttern nicht abgedeckt (verdunkelt) werden, allerdings ist direkte Sonneneinstrahlung zu vermeiden, da sich sonst schnell Algen bilden können.

Die Besatzdichte in den Aufzuchtbecken beträgt anfangs etwa 5.000-10.000 St./m^2 bzw. 25.000-50.000 St./m^3 und wird etwa alle 1-2 Monate halbiert (Besatzdichte max. 2-4 kg/m^3). Das Absaugen der Futterreste und Kotpartikel erfolgt im ersten Monat selten, im zweiten Monat alle 2-3 Tage und erst danach täglich, am besten mit einem Schlauch und Staubsaugeraufsatz.

Die Fischlarven schweben während der ersten zwei Monate im freien Wasser, verhalten sich deutlich phototaktisch positiv (meiden abgedeckte Beckenbereiche) und gehen erst nach der Metamorphose mit einer Länge von ca. 25 mm zum Leben am Boden und ihrer typischen versteckten, nachtaktiven Lebensweise über. Dieses Verhalten kann man auch für die Beckenreinigung ausnützen, indem man mindestens eine Stunde vor Reinigungsbeginn einen Teil der Aufzuchtbecken abdeckt. Die Fischlarven verlassen dann die abgedunkelten Bereiche, sodass diese besser gereinigt werden können, ohne dabei Fische mit einzusaugen (Vermeidung von Kiemenschwellung).

Beim Vorstrecken mit lebendem Zooplankton in Becken betragen die Überlebensraten bis zu einer Größe von 3-5 cm bzw. 0,3-0,6 g normalerweise etwa 75 (60-90) %. Bei Dauerbeleuchtung (1.000-2.000 Lux, 24 h/Tag) bis zur Metamorphose wachsen die Larven etwas (ca. 10-15 %) besser und die Verluste sind auch (ca. 10-15 %) geringer als bei normalen Lichtverhältnissen.

Auffällig ist, dass angefütterte Quappenbrütlinge (ca. 1,5-2,5 cm) beim Fang mit dem Kescher einen intensiv gelblichen Schleim absondern und, wenn sie sich außerhalb des Wassers befinden, teilweise in einen krampfartigen Schockzustand verfallen, der sich aber beim Zurücksetzen ins Wasser bald wieder legt.

Fangbare Größenklassen von Zooplankton
in Abhängigkeit von der Maschenweite:
(Nach: Steiner & Hochleithner, 2016)

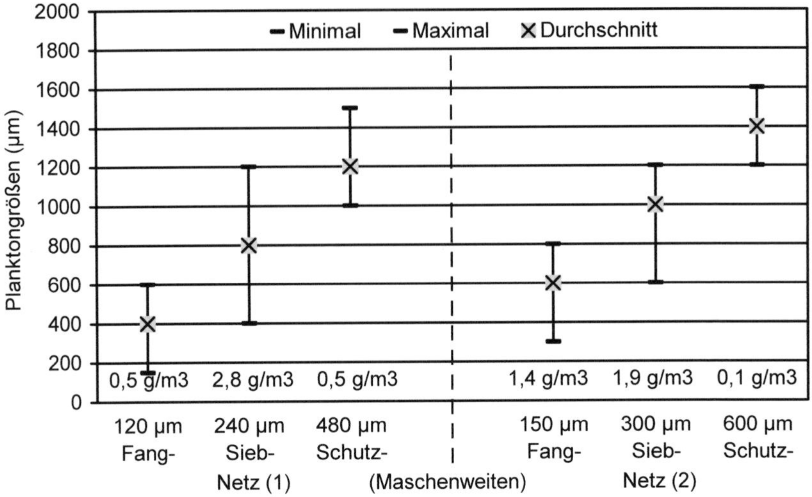

Wachstumsverlauf von Quappen (*L. lota*)
bei der Beckenaufzucht mit lebendem Zooplankton:
(Nach: Steiner & Hochleithner, 2016)

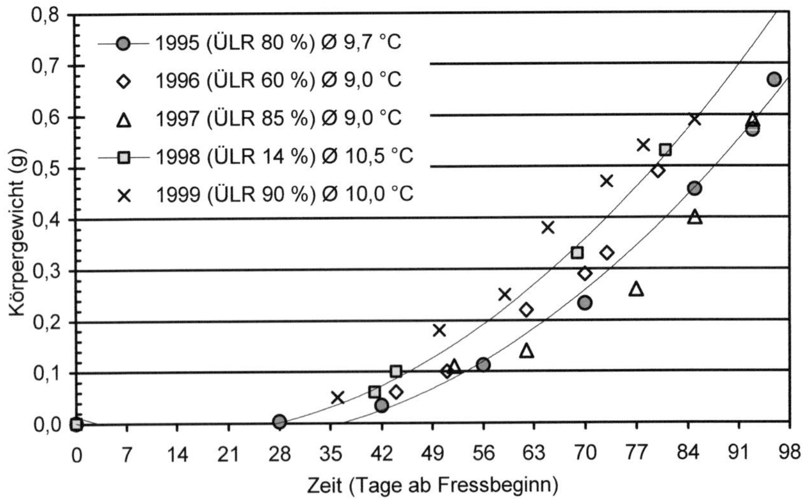

Einholen von Planktonfangnetzen. (Foto: M. Hochleithner)

Erbrütungstrichter für Salinenkrebschen. (Foto: M. Hochleithner)

Salinenkrebschen (*Artemia sp.*) bzw. genauer deren Larven (Nauplien) eignen sich ebenfalls für eine Anfütterung von Quappen für die Dauer bis zu zwei Monaten. Dabei werden die Artemia Dauereier (Zysten) in warmem Salzwasser (optimal 25-30 °C 2,5-3,5 % Salz, pH 8-9) erbrütet. Man verwendet (meist 3) trichterförmige Behälter (30-300 l Volumen), die von oben dauernd beleuchtet werden (ca. 1.000 Lux), dazu eignet sich eine Leuchtstoffröhre mit 60 Watt die 20 cm über den Erbrütungstrichtern platziert wird. Je Liter Wasser werden 1-5 g Eier besetzt, wobei das Wasser bzw. die Eier durch Einblasen von Luft in Bewegung gehalten werden. Nach 24 Stunden wird die Belüftung abgestellt und nach weiteren 10-15 Minuten sammeln sich die geschlüpften Artemialarven unten im Trichter und können von dort mit dem Belüftungsschlauch abgesaugt oder über ein Ventil abgelassen und abgesiebt werden. Dieser Vorgang wird nach 24 Stunden wiederholt. Werden die an der Wasseroberfläche schwimmenden Eihüllen abgeschöpft, kann das Wasser noch einmal für einen zweiten Zyklus verwendet werden.

Biometrische Eigenschaften von Artemien
in Abhängigkeit von der Herkunft:
(Nach: Persoone et al., 1980)

Herkunft[0]		**Zysten**[1]	**Nauplien**[2]	**Volumen**[3]
Stamm	Land	Ø (µm)	Länge (µm)	Index
San Francisco Bay[ab]	USA	225[b]	430[b]	7,7[b]
Buenos Aires[a]	Argentinien	238	431[c]	7,7
Barotac Nuevo	Philippinen	228	429	8,0
Salinas Macau[b]	Brasilien	228[b]	438[a]	8,0[b]
San Pablo Bay[a]	USA	236[b]	433[a]	8,1[b]
Bahia Salinas	Puerto Rico	254	452	9,1
Great Salt Lake[a]	USA	248[a]	488[d]	9,4[b]
Porto Araya	Venezuela	249	474	9,5
Shark Bay[b]	Australien	260[c]	458[a]	10,2[a]
Galera Zamba	Kolumbien	250	480[a]	10,6
Tientsin[b]	China	267	493	11,4
Margherita di Savoia[b]	Italien	285[c]	517[b]	13,6[c]

Anmerkungen:
0 - Fettsäurenzusammensetzung: a = für Süßwasserfische, b = für Salzwasserfische.
1 - Erbrütungsdauer (bei 25 °C): a = 23 h, b = 24 h, c = 29 h.
2 - Schlupfrate (bei 3,5 % Salz): a = >80 %, b = 80-70 %, c = 70-60 %, d = <50 %.
3 - Nährwert (J/g Trockengewicht): a = >2,4, b = 2,3-2,4, c = <2,3.

Frisch geschlüpfte Artemialarven haben in der Trockensubstanz etwa 58-60 % Protein, 16-22 % Fett, 13-15 % Kohlenhydrate und 5-6 % Asche, sowie 22-25 MJ Energie/kg. Allerdings gibt es bei den vielen (>100) verschiedenen Artemiaherkünften wesentliche Unterschiede in Erbrütungsdauer (18-36 h) und Schlupfrate (40-90 %) sowie Nährwert und Größe (siehe Tab.). Für fressfähige Quappenlarven eignen sich allerdings nur die kleineren Artemiastämme zur Anfütterung, andernfalls können die Fische die Nauplien nicht fressen und verhungern.
Manchmal werden auch dekapsulierte (geschälte) Artemiaeier verwendet, die bereits desinfiziert sind und mehrere Vorteile haben (5-15 % höhere Schlupfraten, kein Trennen von Schalen und Larven nötig). Eine direkte Verfütterung der dekapsulierten Eier ist nicht zielführend.
Die Verfütterung der Artemialarven kann manuell oder automatisch von einem Vorratsbehälter über einen Tropfschlauch oder eine Dosierpumpe erfolgen, wobei die Fütterungsintervalle bei 5-15 Minuten liegen sollten. Für die Anfütterung der Quappenlarven bis zu einer Länge von 15-20 mm sollte die Anzahl der Artemianauplien von anfangs 20-80 pro Fischlarve und Tag etwa alle 10-14 Tage verdoppelt werden, wobei mit Überlebensraten (ÜLR) von durchschnittlich 50 (30-70) % gerechnet werden kann.

Vorstreckergebnisse von Quappen (*L. lota*)
in Abhängigkeit von der Fütterungsintensität:
(Nach: Wocher et al., 2010)

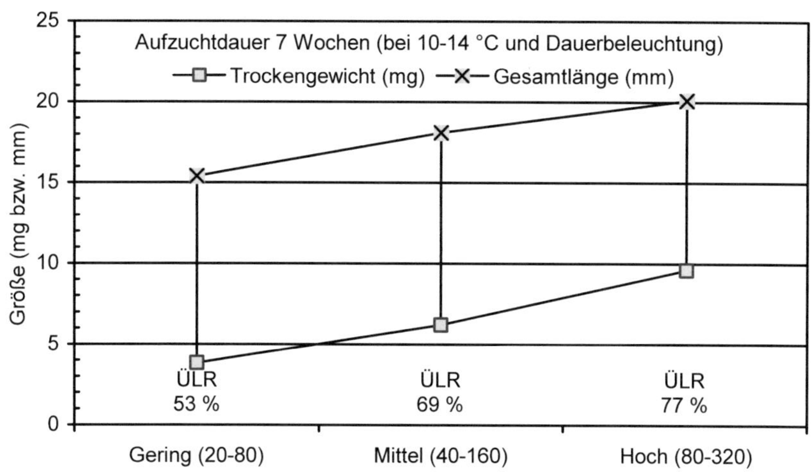

Quappen beim Fressen von Zooplankton. (Foto: V. Steiner)

Quappen beim Fressen von Trockenfutter. (Foto: M. Hochleithner)

Für eine erfolgreiche Umstellung von Lebendnahrung auf Trockenfutter (60 % Rohprotein, 15 % Rohfett) sollten die Quappen eine Gesamtlänge von 2,0 cm und ein Nassgewicht von 0,1 g aufweisen. Wird früher bzw. werden kleinere Fische (<0,1 g od. 1-2 cm) auf Trockenfutter umgestellt (0,2-0,4 mm Granulat), so ist dies nicht erfolgreich oder nur mit sehr hohen Verlusten (>80 %) möglich. Viel später (>2,5 cm oder 0,2 g) bzw. nach der Metamorphose sollten die Fische allerdings auch nicht umgestellt werden, denn sonst lassen sich die Quappen nur mehr schwer oder gar nicht ans Trockenfutter gewöhnen. Die Umstellung kann erleichtert bzw. dennoch ermöglicht werden indem in das Trockenfutter für eine Fütterungsdauer bis zu 2-3 Wochen 3-5 % Kochsalz (NaCl) eingemischt werden. Die Umstellung sollte jedoch abrupt und ohne Zufütterung von Lebendnahrung erfolgen. Das Trockenfutter (0,4-0,6 mm Granulat) muss bei der Umstellung im Überschuss gefüttert werden, damit den Quappen ständig Futter dargeboten wird. Dazu haben sich kleinere Systeme (Silos mit 30-90 l Volumen) besonders bewährt, bei denen das Futter möglichst oft über die gesamte Oberfläche verteilt wird und das überschüssige Futtergranulat und die ausgeschiedenen Kotpartikel rasch abgeführt werden können. Außerdem müssen die Quappen bei der Umstellung relativ dicht gehalten werden (Besatzdichte 25-50 St./l). Dabei sind die Haltungseinrichtungen 1-2 Mal pro Tag teils abzulassen und 1-2 Mal pro Woche komplett zu reinigen. Bei einer erfolgreichen Umstellung, die üblicherweise 2-3 Wochen dauert, kann mit Überlebensraten von >80 % gerechnet werden.
Nach der Umstellung kann für die Fütterung Trockenfutter mit 50-60 % Rohprotein und 10-20 % Rohfett verwendet werden. Da es, zumindest derzeit, kein speziell für Quappen entwickeltes Trockenfutter gibt, kann sehr gut auch solches, das für Forellen entwickelt wurde verwendet werden. Die tägliche Futtermenge reicht, je nach Nährstoffgehalt, Wassertemperatur und Fischgröße, von über 5,0 % bis zu unter 0,5 %. Bei Quappen mit einer Größe von 10-50 g gilt bei einer Wassertemperatur von 17 °C etwa 2,0 % pro Tag als optimal. Die Fütterung kann händisch, besser jedoch automatisch erfolgen. Da Quappen ab etwa 10 g Körpergewicht ausschließlich in der Nacht fressen (vor allem in den ersten 3 Stunden), sollte die Fütterungszeiten entsprechend angepasst werden. Außerdem müssen die Becken vollständig abgedunkelt (<20 Lux) werden, zumindest ab einer Fischgröße von etwa 100 g. Werden Futterautomaten verwendet so haben sich, je nach Fischgröße, Fütterungsintervalle von 10-30 Minuten bewährt. Der Futterquotient (kg Futter/kg Zuwachs) von modernem Trockenfutter liegt, je nach Nährstoffgehalt und Fischgröße, meist bei 0,8-1,2.

Partikelgröße des Trockenfutters
in Abhängigkeit von der Fischgröße:

Fischgröße in g >	1	5	10	50	100	500	1000
Futtergröße in mm	0,5-1,0	1,0-1,5	1,5-2,0	2,5-3,0	4,0-5,0	5,0-7,0	7,0-9,0

Das weitere Aufziehen kann in Becken verschiedener Form und Größe erfolgen. Da Quappen benthische Fische sind, wird der Platzbedarf bzw. die Besatzdichte in tieferen Becken (>0,5 m) oft auf die Fläche (kg/m^2) bezogen, in seichteren Becken (<0,5 m) kann sie jedoch auch auf das Volumen (kg/m^3) bezogen werden (siehe Tab.).

Maximale Besatzdichten
bei ausreichender Wasserversorgung in Beckenhaltung:

Fischgröße in g	1	5	10	50	100	500	1000
Besatzdichte (kg/m^2)	2,5	5	10	20	30	40	50
Besatzdichte (kg/m^3)	5,0	10	20	40	60	80	100

Die Optimaltemperatur für Quappen mit einem Körpergewicht ab etwa 1 g beträgt 12-16 °C (siehe Tab.), eine höhere Wassertemperatur (bis zu 20 °C) erhöht zwar noch etwas das Wachstum, allerdings auch den Kannibalismus und die Mortalität (siehe Abb.).

Optimaltemperaturen (°C)
für verschiedene Entwicklungsstadien der Quappe:

Laichfische	Eier-Larven*	Jungfische	Speisefische
Vermehrung	Erbrütung	Anfütterung	Aufzucht
1-4	4-8	8-12	12-16

* Eier bis Augenpunktstadium max. 4 °C, Larven ab Schlupf min. 8 °C.

Der Sauerstoffverbrauch von Quappen (Körpergewicht 210 g) beträgt bei normalem Aktivitätsstoffwechsel (mit Fütterung) bei einer Wassertemperatur von 11 °C rund 74 mg/kg/h und bei 20 °C bereits 172 mg/kg/h; das ist in etwa nur halb so viel wie bei Forellen. Beim Routinestoffwechsel (ohne Fütterung) ist der Sauerstoffverbrauch naturgemäß noch geringer (siehe Abb.).

Produktionsergebnisse von Quappen (*L. lota*)
in Abhängigkeit von der Wassertemperatur:
(Nach: Barron et al., 2012)

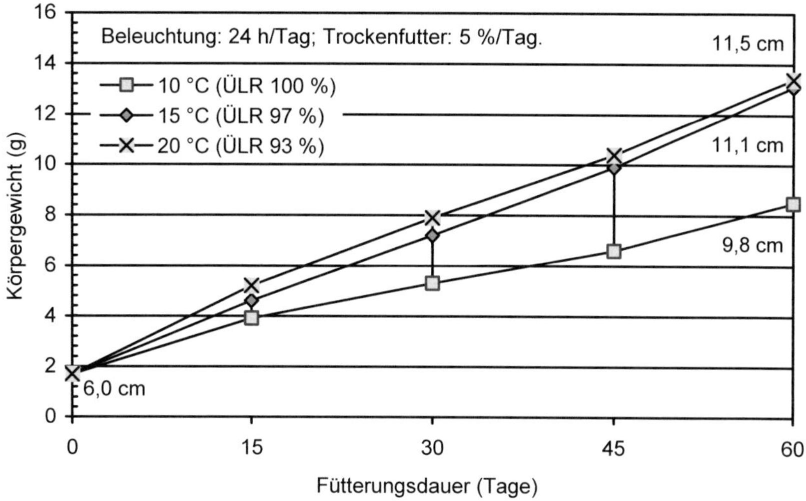

Routinestoffwechel von Quappen (*L. lota*)
in Abhängigkeit von der Wassertemperatur:
(Nach: Nikcevic, 1995)

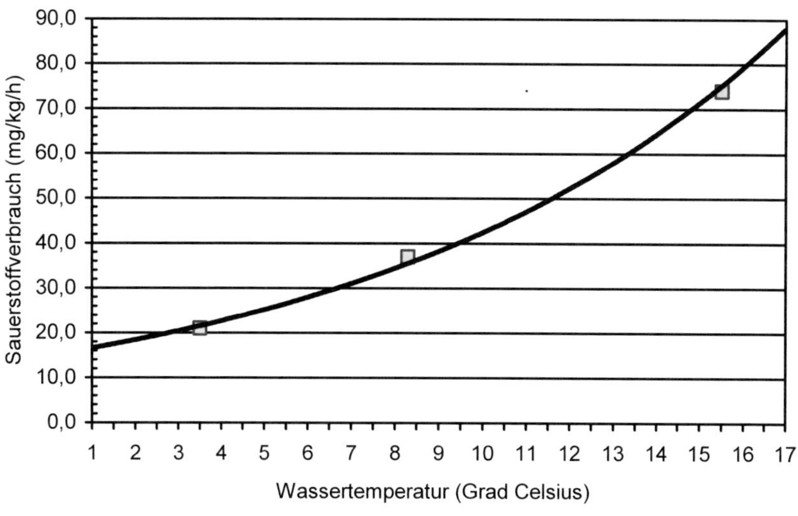

Vorgestreckte Quappen (3-4 cm). (Foto: M. Hochleithner)

Einjährige Quappen (15-20 cm). (Foto: M. Hochleithner)

TEICHWIRTSCHAFT:

Die Aufzucht im Teich ist ebenfalls erfolgreich möglich. Am besten eignen sich dazu die in der Teichwirtschaft üblichen Streckteiche mit einer Größe von 1.000-5.000 m^2 Wasserfläche und einer Tiefe von etwa 1-2 m. Die Teiche werden entsprechend vorbereitet (Trockenlegung und eventuell Kalkung und Düngung) und erst kurz (1-2 Wochen) vor dem Besatz eingestaut, um eine vorzeitige Insektenlarvenentwicklung (Libellen und Wasserkäfer) zu verhindern. Der Mönch bzw. die Ablaufvorrichtung muss mit einem engmaschigen Siebgitter versehen sein, da sonst die Brut mit dem abfließenden Wasser abwandert.

Die Quappenbrütlinge sollten erst in die Teiche gesetzt werden, wenn dort ein ausreichendes Nahrungsangebot vorhanden ist und die Larven schwimmfähig sind. Am besten ist es, die Brütlinge in seichtes, maximal 20 cm tiefes Wasser auszusetzen. Wird die Brut in zu tiefes Wasser gesetzt, kann es sein, dass die nicht immer gleich weit entwickelte schlecht schwimmende Brut ihre Schwimmblase nicht mit Luft füllen kann und verendet.

Da die Brütlinge anfangs frei im Wasser bzw. an der Wasseroberfläche schwimmen, sollten sie vorerst grundsätzlich nur in Monokultur gehalten werden. Das heißt, es dürfen sich auf gar keinen Fall andere Fische (wie Karpfen, Weißfische usw.) im Teich befinden, denn sonst wird die hilflos im Wasser schwebende Quappenbrut restlos von den anderen Fischen gefressen. Wesentlich besser für den Besatz in Teichen und Freigewässern eignen sich deshalb angefütterte oder vorgestreckte Setzlinge mit einer Länge von 2-3 oder 3-4 cm. Ab dieser Größe ist auch die Polykultur mit kleinmäuligen Fischarten (Äschen, Barben, Nasen, etc.) möglich. Diese Fischarten laichen später als die Quappe und bis diese Brütlinge besatzfähig sind, sind die Quappen groß genug. Es ist dann allerdings so, dass die Quappen die kleineren Brütlinge dieser Fischarten (zusätzlicher Besatz an fressfähigen Brütlingen der Nebenfische etwa 100.000 St./ha) zumindest für kurze Zeit auch als Nahrung nützen. Die Besatzdichte an Quappenbrütlingen beträgt rund 200.000-500.000 St./ha und die Überlebensrate bis zum einsömmerigen Setzling von 10-12 (8-14) cm und 5-20 g beträgt etwa 10 (2-18) %.

In Naturteichen können, je nach Nahrungsangebot, einjährige Fische ein Gewicht von 60-120 g und zweijährige Fische bereits ein Gewicht von 240-370 g erreichen. Zu beachten ist, dass ältere Quappen kühleres Wasser benötigen; sie eignen sich daher nicht für wärmere Karpfenteiche (auch nicht als Nebenfisch) und verlieren bei Wassertemperaturen über 20 °C sogar an Gewicht.

NETZGEHEGE:

Die Aufzucht von Quappen kann auch in untergetauchten Netzgehegen erfolgen. Diese Produktionsmethode basiert auf einer Planktonfütterung in natürlichen stehenden Gewässern (wie Seen, Stauen und Teichen), wobei die Nährtiere mit einer Lichtquelle, die sich im Zentrum der Gehege befindet, angelockt werden. Hauptsächlich Copepoden und Phyllopoden, aber auch eine Vielzahl anderer Nährtiere reagiert positiv phototaktisch und wird in der Nacht durch die zentrale Unterwasserlampe (10-100 Watt) ins Innere der Gehege gelockt. Dies führt bis zu einer 50-fachen Konzentration der Nährtiere, die der Fischbrut dort als Futter dienen.

Die würfelförmigen Gehege (2 x 2 x 2 m) sind meist aus hochwertigen, monofilen Nylon- oder Polyesternetzen gefertigt und besitzen einen Durchgang mit Reiß- oder Klettverschluss für die Kontrolle und das Kabel. Die Gehege werden faltenfrei in ein starkes Metallgestell gespannt und über ein Hebegerüst mit Seilwinden bis zur doppelten Sichttiefe bzw. 3-5 m unter die Wasseroberfläche abgesenkt. Montiert werden die Gerüste auf einem Schwimmsteg und dieser in angemessener Entfernung (min. 50 m) vom Ufer verankert. Die Stromzuleitung erfolgt über Unterwasserkabel und einen Transformator (12-24 Volt). In abgelegenen Gebieten bietet sich für die autonome Funktion eine Photovoltaikanlage an (siehe Abb.).

Als Standort für eine derartige Gehegeanlage eignen sich stehende Gewässer mit ausreichender Tiefe, die zur betreffenden Zeit mindestens 500-1.000 Planktonkrebschen/m^3 aufweisen. Die Betreuung der Anlage beschränkt sich auf die Funktionskontrolle des Systems, die periodische Reinigung der Netze mittels Hochdruckreiniger (50-100 bar), um ein Zuwachsen der Gehege durch Algen, Detritus oder Kotreste zu verhindern (je nach Eutrophierung und Jahreszeit alle 1-7 Tage), sowie auf die Kontrolle der Planktonentwicklung in dem betreffenden Gebiet. Dieses System ist besonders umweltfreundlich, da weder Futter noch Dünger eingebracht werden.

Die Besatzdichte beträgt, je nach Nährtieraufkommen, etwa 3.000-6.000 St./m^3 Gehege. Fressfähige Brütlinge werden in Gehege mit einer Maschenweite von 0,3-0,5 mm gesetzt. Da die feinmaschigen Gehegenetze jedoch sehr schnell durch Algen verlegt werden, ist es besser, schon angefütterte Brütlinge ab einer Länge von 10-15 mm (1.000-3.000 St./m^3) in Gehege mit einer Maschenweite von 0,8-1,2 mm zu setzen, wobei die Überlebensrate nach 6-8 Wochen bei einer Abfischgröße von 3-4 cm durchschnittlich 70 (60-80) % beträgt.

Untergetauchte Netzgehege. (Foto: M. Hochleithner)

Schwimmende Netzgehege. (Foto: M. Hochleithner)

Die weitere Produktion kann in schwimmenden Netzgehegen aus Metall oder Kunststoff in Teichen, Stauen oder Seen erfolgen. Die Vorteile dieser Netzgehege sind vor allem die geringen Investitions- und Betriebskosten und die schnelle Errichtung. Die Nachteile liegen bei der Gewässerbelastung durch Ausscheidungsprodukte, einer umweltabhängigen Produktion sowie der nur bedingten Beeinflussung des Verlustgeschehens.
Die Netzgehege haben vorzugsweise eine Größe von 5 x 5 bis 10 x 10 Meter und eine Tiefe von 5-10 Meter. Mehrere solcher Netzgehege sind meist paarweise zu einer Anlage zusammengeschlossen (siehe Abb.). Zum einfachen, sicheren Arbeiten sollte sich rund um jedes Gehege ein min. 1 Meter breiter Arbeitssteg befinden. Besonders bewährt haben sich Netze aus Polymer ummanteltem Polyester, die auch jahrelangem Dauereinsatz standhalten und weniger stark veralgen. Dabei entfällt auch die Beschwerung der Netze und sie verformen sich weniger bei stärkerer Strömung als Netze aus Polyamid. Die Maschenweite in mm sollte etwa der Fischlänge in cm entsprechen. Zwischen Netzboden und Gewässergrund sollte ein Abstand von mindestens 2-5 m bestehen. Die Verankerung kann mit Ankersteinen oder Pflugscharankern mit Schäkel und mindestens 5 m Kette, Boje, sowie Verankerungsseil (2-5 mal so lang, wie die Stelle tief ist) erfolgen. Alle Seile sollten UV-beständig sein (Polyethylen), und zur Sicherheit sollte die Belastung nur 1/4 der Bruchlast betragen. Gelegentlich befindet sich auch eine schwimmende Serviceplattform (für Futter, Sortierung usw.) an der Gehegeanlage.
Bei Wellengang ist die horizontale Strömungsgeschwindigkeit in den Gehegen um 1/3 bis 2/3 geringer, als außerhalb der Gehege. Bei Windstille findet der Wasseraustausch vorwiegend durch eine vertikale Strömung in den Gehegen statt. Um den entsprechenden Wasseraustausch zu gewährleisten, erfolgt daher, je nach Netzmaterial und Maschenweite, eine regelmäßige (jährliche) Reinigung der Netze, am besten mit speziellen Unterwasseraufsätzen für Hochdruckreiniger. Alternativ kann man die Gehegenetze auch wechseln und an Land reinigen. Um die Fische vor Vogelfraß zu schützen, sollten die Gehege mit Schutznetzen abgedeckt werden.
Die Netzgehege werden mit vorgestreckten oder besser einsömmrigen Fischen besetzt, die bereits gut Trockenfutter aufnehmen (außer es wird mit Futterfischen gefüttert). Die Produktionsdauer kann sich in kühleren Gewässern über das ganze Jahr erstrecken, in wärmeren Gewässern (>20 °C) für ältere Quappen allerdings nur über das Winterhalbjahr (Oktober-April), andernfalls verlieren die Quappen an Gewicht. Die Biomasse in den Gehegen kann bis zu 25-50 kg/m^3 betragen.

Management

PRODUKTIONSPLANUNG:

Um die Auslastung einer Anlage zu optimieren und die Abfolge verschiedener Generationen bestmöglich zu planen, sollten die erwarteten Ergebnisse im Voraus berechnet werden. Somit sind Rahmendaten für die Produktion zu setzen und laufend mit den aktuellen Produktionsdaten abzugleichen, um den Realitätsbezug herzustellen. Eine Vorabberechnung der Futtermenge bzw. der Zuwachsleistungen ist erst dann sinnvoll zu gewährleisten, wenn die Daten aus der Praxis die Grundlage dafür darstellen. Wichtig ist die exakte Erfassung aller für die Produktion relevanten Daten. Hierbei sind nicht nur Wasseranalysen, Sortierergebnisse und Verlustlisten, sondern auch Fütterungs- und Reinigungsprotokolle von Bedeutung.
Verhalten ist ein umfassender Begriff für eine Vielzahl von Lebensäußerungen und Reaktionen der Tiere auf ihre Umwelt. Diese Reaktionen haben vielfach eine Wechselwirkung zwischen Reiz und Reaktion zur Folge. Die Anpassung der Haltungseinrichtungen und Haltungsbedingungen an das Verhalten der Fische ist daher ein entscheidender Faktor. Dazu werden Informationen über die natürlichen Habitatsansprüche und Lebensbedingungen herangezogen. So zum Beispiel Temperatur, Strömungsverhältnisse, Wassertiefe, Turbidität, Lichtverhältnisse, Futterpräferenzen usw. Haltungsbedingungen, die an die Bedürfnisse der zu haltenden Art angepasst wurden, minimieren den Stress für die Tiere und führen somit direkt zu besserer Gesundheit und zu besseren Produktionsergebnissen.
Der Einfluss des Verhaltens endet aber nicht bei der Ausgestaltung der Anlage, sondern muss das Vorgehen des Betreuers also die Betreuung und Pflege mit in die Überlegungen einbeziehen. Hinzu kommt, dass neue Schlüsselreize an Bedeutung gewinnen, wie das Verhalten der Person die füttert oder andere Arbeiten an den Haltungeinrichtungen durchführt. Im Verlauf der Domestizierung einer Tierart passt sich ein Teil des Verhaltensrepertoires an die veränderten Lebensbedingungen an. Zuerst werden die Verhaltensweisen, die im direkten Zusammenhang mit der Futteraufnahme stehen, modifiziert. So stellen sich die Fische bei festen Fütterungszeiten z. B. schnell auf diese ein, und zeigen eine Aktivitätssteigerung zu den entsprechenden Zeiten.

KRANKHEITSBEHANDLUNG:

Hygiene ist eine grundsätzliche Anforderung für erfolgreiche Fischzucht. Verendete Tiere sind möglichst sofort zu entfernen. Alle Geräte sind regelmäßig mit geeigneten Mitteln (10 %iges Formalin) zu desinfizieren. Bei Becken kann die Desinfektionslösung (0,3-0,5 l/m²) gut mit einer Gießkanne verteilt aufgebracht werden. Die Einwirkzeit ist temperaturabhängig und sollte mindestens 30 min bei 20 °C, 60 min bei 12 °C, oder 150 min bei 4 °C betragen. Um die Verbreitung von Krankheiten zu verringern, sollten auch alle Transportbehälter regelmäßig desinfiziert werden, z. B. mit Chlor (100-200 mg/l) mit einer Einwirkzeit von min. 30 Minuten. Teiche werden am besten sofort nach dem Abfischen mit Brant- oder Chlorkalk desinfiziert; allerdings muss der Teich zur Beseitigung zu hoher pH-Werte vor einem neuen Besatz 2-6 Wochen lang gefüllt und ggf. nochmals abgelassen werden.
Grundsätzlich muss festgehalten werden, dass bei "vernünftiger" Haltung der Fische unter guten Bedingungen viele Krankheiten erst gar nicht auftreten. Umweltfaktoren haben also direkt oder indirekt einen großen Anteil am Entstehen von Krankheiten. Vor allem bei schlechten Haltungsbedingungen kann es zum Auftreten von Krankheiten kommen. Diese sollten, wenn möglich, unmittelbar bekämpft werden; langfristig sind die Haltungsbedingungen zu verbessern. Oft ist die Mortalität durch schleichende Verluste ökonomisch viel gravierender als jene bei Massensterben. Das Vorliegen einer Erkrankung kann oft schon am veränderten Verhalten der Fische (Fressunlust, Aktivität, Aggressivität) festgestellt werden.
Durch UV-Bestrahlung des Wassers können Parasiten, Bakterien und Viren abgetötet werden. Bei einer Dosis von 20-30 mWs/cm² etwa *Aeromonas, Bacilus, Vibrio, Saprolegnia*, und bei einer Dosis von 100-300 mWsec/cm² etwa *Trichodina* und *Ichthyophthirius*. Zur 90 %igen Reduzierung reicht die Hälfte bis ein Drittel der jeweiligen Dosis aus.
Gegen viele Außenparasiten (*Chilodonella, Trichodina, Dactylogyrus, Gyrodactylus*) bietet sich 36 %iges Formalin für eine Kurzzeitbehandlung (0,5-2,0 h) in einer Dosis von 200-300 ppm bzw. für eine Langzeitbehandlung (12-48 h) in einer Dosis von 20-30 ppm als Bad an. Als Alternative eignet sich für einige Außenparasiten (*Argulus, Ergasilus*) stattdessen auch Kochsalz (NaCl) in einer Dosis von 1-2 % für ca. 1 h. Für eine Behandlung von Jungfischen und während eines Transports sollte diese Dosis etwa halbiert werden. Eine Desinfektion der Eier ist mit 25-50 ppm Iodophore (1 % Aktivjod) für 15-30 Minuten möglich, dies sollte jedoch erst nach dem Quellen erfolgen.

Behandlung gegen verschiedene Ektoparasiten
bei positiver Diagnose:

Erreger	Substanz	Konzentration	Dauer
Einzeller	Kochsalz (NaCl)	1,0-2,0 %	für 1 Stunde
– „ –	Formaldehyd (36 %ig)	300 ppm	für 1 Stunde
– „ –	Wasserstoffperoxyd	100 ppm	für 1 Stunde
– „ –	Detarox AP	20 ppm	für 1 Stunde
– „ –	Chloramin T	15 ppm	für 1 Stunde
– „ –	Kaliumpermanganat	10 ppm	für 1 Stunde
– „ –	Trypaflavin	10 ppm	für 1 Stunde
– „ –	Chlorkalk	2 ppm	für 1 Stunde
– „ –	Kupfersulfat	1 ppm	für 1 Stunde
Gyrodactylus	Peressigsäure (40 %ig)	3 ppm	für 24 Stunden
Dactylogyrus	Formaldehyd (36 %ig)	20 ppm	für 24 Stunden
Piscicola	Branntkalk	2000 ppm	für 10 Sekunden
Ergasilus	Trichlorphon	0,5 ppm	für 5 Minuten
Argulus	Trichlorphon	0,3 ppm	für 12 Stunden

Abkürzungen: ppm = **p**art **p**er **m**illion (Teil pro Million) = 1 g bzw. 1 ml/m3 oder 1 mg/l.

Achtung: *Einige Mittel sind in manchen Ländern nicht mehr zulässig oder nur über den Tierarzt per Verschreibung erhältlich!*

Während des Behandlungsbades werden die Fische beobachtet, um im Fall von Stressreaktionen frisches Wasser einzuleiten oder gegebenenfalls die Behandlung zu unterbrechen. Da Salz eine starke Schleimabsonderung hervorruft, in der sich meist die Parasiten befinden, ist es besser, das Bad in einem großen Transportbehälter oder ähnlichem durchzuführen und das Behandlungswasser anschließend abzulassen.
Bei der Verwendung von Chemikalien oder Medikamenten sollte man zur Vorsicht erst einen Test mit einer kleinen Anzahl von Fischen (10 Stück) durchführen. Bei größeren Krankheitsproblemen sollte man unbedingt den Fischgesundheitsdienst um Rat fragen, bzw. einige Lebendfische zur Untersuchung einschicken. Einige Medikamente sind ohnedies nur über den Tierarzt erhältlich, da verschreibungspflichtig.
Bakterienkrankheiten können mit Antibiotika (verschreibungspflichtig) behandelt werden, allerdings wird auf die Angabe von Antibiotika zur prophylaktischen Behandlung bewusst verzichtet, da dies bei unsachgemäßer Anwendung nur zu unerwünschter Resistenzbildung führen würde. Wenden Sie sich bitte an den für Sie zuständigen Fischgesundheitsdienst (siehe Anhang).
Viruskrankheiten können nicht behandelt werden, allerdings sind dabei generell alle tierseuchenrechtlichen Bestimmungen zu beachten.

SORTIERUNG:

Ein wichtiges Kriterium für optimales Wachstum ist die Größenzusammensetzung der gehaltenen Fische. Speziell bei der Fütterung mit Trockenfutter können sich bei den Jungfischen innerhalb von Wochen signifikante Größenunterschiede zeigen. Aber auch in den folgenden Monaten lässt sich ein Auseinanderwachsen der Fische (z.B. durch unterschiedliches Erbgut) immer wieder beobachten. Auch durch Anpassung und Verdrängung kann es zum Auseinanderwachsen der Fische kommen. Die Folge, gerade bei punktueller Fütterung, ist, dass nur die dominanten Tiere an das Futter gelangen und sich somit die Größendifferenzen verstärken, was bis hin zu erhöhtem Kannibalismus und Mortalität der schwachen Tiere führen kann.

Zur Vermeidung solcher teilweise haltungsbedingter Probleme ist eine regelmäßige Sortierung der Fische in verschiedene Größenklassen notwendig und sollte je nach Wachstum durchgeführt werden. Grundsätzlich gilt, je intensiver die Produktion, desto häufiger sollte sortiert werden. In den Naturteichen ist eine geordnete Sortierung natürlich nur vor dem Besatz und nach der Abfischung möglich. Die Sortierung in einzelne (meist 2-4) Größenklassen hat eindeutig eine positive Auswirkung auf Wachstum und Mortalität. Vor der Sortierung wird die Futtergabe mindestens einen Tag abgesetzt, damit die Tiere einen reduzierten Sauerstoffbedarf haben und weniger stressanfällig sind. Nach der Sortierung sollten die Fische innerhalb einer Größenklasse nicht mehr als 10-20 % vom Durchschnittsgewicht abweichen. Wichtig ist auch die exakte Dokumentation der Mengen, da diese Daten die Basis für die weiteren Berechnungen darstellen.

Für kleinere Mengen haben sich manuelle Sortierrahmen bewährt. Diese meist schwimmfähige quadratische Rahmen aus Holz (ca. 35-45 x 35-45 x 15-20 cm) mit runden Gitterstäben an der Unterseite, lassen sich durch Scharniere zu einer Raute verschieben und so den Abstand zwischen den Gitterstäben im Bereich von 4-30 mm stufenlos einstellen. Für größere Mengen werden meist automatische Sortiermaschinen mit einer Kapazität von 1-9 t/h eingesetzt. Diese oft auf Anhängern mit Rädern montierten Maschinen haben zwei leicht geneigte V-förmige Seitenwände mit rotierenden Rollen oder Förderbändern deren Abstand sich einstellen lässt und zum Ende hin immer breiter wird.

Für das Überwinden von Höhen bis 4-6 m (z. B. zu Sortiermaschinen oder Transportbehältern), eignen sich Archimedische Förderschnecken oder Vakuum-Fischpumpen, welche die auf engen Raum konzentrierten bzw. zusammengedrängten Fische mit Wasser befördern.

TRANSPORT:

Kleinere Mengen an Brütlingen oder Setzlingen werden am besten in etwa 0,1 mm starken Plastiksäcken mit Wasser und Sauerstoffblase transportiert. Um Temperaturschwankungen zu minimieren, verwendet man bei wärmerem Wetter und längeren Transporten am besten Kisten aus Styropor oder isolierte Kartons, in denen die mit Sauerstoff aufgefüllten und dicht verschlossenen Säcke gelegt werden. Die Transportdichte im Plastikbeutel (mit 10-20 Liter Wasser und 30-40 l Sauerstoffblase) bei einer Temperatur von etwa 8-12 °C und einer Transportdauer bis zu 8-12 Stunden kann 1:10 bis 1:20 betragen.

Größere Mengen an Setzlingen und Speisefischen werden am zweckmäßigsten in Transportbehältern aus Kunststoff (Polyester oder Polyethylen) mit Wasser und Sauerstoffversorgung befördert. Für längere Transporte eignen sich am besten weiße, isolierte Behälter, da diese sich nicht so schnell erwärmen, wie dunkle. Ein Ablaufventil und eine Ablassschleuse sind dabei vorteilhaft für das Entleeren des Behälters. Die Transportdichte (Fisch zu Wasser) im Transportbehälter mit Sauerstoffversorgung bei einer Temperatur von etwa 8-12 °C und einer Transportdauer bis zu 8-12 Stunden kann 1:5 bis 1:10 betragen.

Für Setzlinge haben sich 1-3 am Behälterboden montierte 12 oder 24 Volt Tauchpumpen gut bewährt. Das Wasser wird dabei an der Oberfläche über Düsen wieder verteilt (1-3 l/s) und dadurch mit Luftsauerstoff angereichert. Die Fische stehen dann meist in der Strömung und sammeln sich nicht so stark am Behälterboden. Wichtig ist, dass ein exakt passendes Absperrsieb die Fische von der Pumpe trennen. Eine Belüftung mit Luft über Kompressor bietet sich vor allem bei kleineren Fischmengen an. Die Stromversorgung für Pumpen oder Kompressoren erfolgt dabei vom Zugfahrzeug aus.

Für Speisefische werden für die Versorgung mit Sauerstoff (ca. 1 Liter/Minute je 100 kg Fisch) meist Sauerstoffdruckflaschen für kurze und gelegentliche Lebendfischtransporte verwendet. Multipliziert man das Flaschenvolumen mit dem Druck (bar) so erhält man den Inhalt an Sauerstoff. Ein Liter Sauerstoff wiegt dabei etwa 1,4 g. In letzter Zeit wird für längere und häufige Lebendfischtransporte vermehrt Flüssigsauerstoff verwendet. Dabei entspricht 1 Liter flüssiger Sauerstoff etwa 800 Liter gasförmigem. Der Sauerstoff wird, je nach Porosität bzw. Blasengröße, bei gelochten Gummiausströmern zu etwa 10-30 % und bei Keramikausströmern zu etwa 50-80 % gelöst. Bei längerer Transportdauer und höheren Temperaturen sollte die Fischmenge reduziert oder unterwegs ein Wasserwechsel durchgeführt werden.

Außerbetrieblicher Transportbehälter mit Umwälzsystem. (Foto: M. Hochleithner)

Innerbetrieblicher Transportbehälter mit Sauerstoffflasche. (Foto: M. Hochleithner)

Als ammoniotelische Organismen scheiden Fische als Endprodukt des Stickstoffwechsels Ammoniak aus. Bei langen Transporten besteht deshalb die Gefahr einer Ammoniakvergiftung. Vor dem Transport sollten daher jüngere und kleinere Fische für 1-3 Tage, ältere und größere Fische für 3-6 Tage gut ausgenüchtert werden, damit die Stickstoffausscheidungen geringer sind. Gelegentlich wird dem Transportwasser auch 0,5 % Kochsalz (NaCl) zugesetzt, wodurch die Fische vitaler bleiben.
Der Transport von Quappen sollte generell bei einer Wassertemperatur von unter 10-15 °C erfolgen. Der Temperaturunterschied von Transportwasser und Herkunfts- bzw. Besatzwasser sollte nicht mehr als 5 °C betragen. Bei größeren Temperaturunterschieden ist eine Anpassung beim Umsetzen vorzunehmen, wobei die Temperaturanpassung höchstens 5 °C/h betragen sollte. Mit 25 kg Eis kann ein Kubikmeter Wasser um ca. 2 °C heruntergekühlt werden. Dividiert man das Wasservolumen (Liter) durch 80 (Cal) erfährt man die Menge (kg) an Eis die für die Abkühlung um 1 °C benötigt wird.
Für den kurzen, innerbetrieblichen Lebendfischtransport haben sich Behälter mit integrierter Mess- oder Wiegevorrichtung bewährt, die auf einem Hub- oder Gabelstapler montiert werden. Das Entladen erfolgt durch Heben und Nachvornekippen des Behälters und anschließendes Entlassen der Fische mit Wasser über einen angeschlossenen Schlauch (Ø 20-30 cm) als Schleuse.
Bei freischwimmenden Larven kann das Zählen durch gleichmäßiges Vermischen des Behältervolumens und Auszählen von drei Proben (á 100 ml), sowie anschließendes Umrechnen des Mittelwertes der Proben auf das Gesamtvolumen, ermittelt werden. Kleinere und empfindlichere Fische werden meist in Wasser gewogen, wobei das Tara abgezogen wird. Größere und robustere Fische können auch ohne Wasser gewogen werden, wobei die Fische nicht in mehreren Lagen übereinander liegen sollten, denn sonst können Druckschäden an den untersten Fischen auftreten. Da Fische nur um etwa 1-2 % schwerer sind als Wasser, können sie für den innerbetrieblichen Gebrauch auch über das verdrängte Wasservolumen gemessen werden.

Fischerei

BEDEUTUNG:

Dorschfische hatten schon in prähistorischen Zeiten eine große fischereiliche Bedeutung. Anfangs erfolgte der Fang nur entlang der Küstengewässer, meist im Frühjahr und Sommer; spätestens seit dem 15. Jahrhundert auch im Meer selbst, dann auch im Herbst und Winter.
Dorsche waren in Nordeuropa schon im Mittelalter ein wichtiges Handelsprodukt, sie wurden entweder aufgeschnitten und auf Stöcken getrocknet (Stockfisch) oder gesalzen und auf Felsen getrocknet (Klippfisch). Stock- oder Klippfisch, wozu auch Lumb und Leng verarbeitet wurden und werden, diente schon den Seefahrern als haltbare Nahrung und gelangte so mit den Spaniern und Portugiesen bis nach Südamerika, wo er auch heute noch gerne zubereitet wird. Mindestens seit dem Mittelalter wird auch von den Lebern, sowohl der Dorsche, als auch der Quappen, Lebertran hergestellt. Im Jahr 1602 benannte sogar ein englischer Entdecker (Bartholomew Gosnold), der beeindruckt von den Unmengen an Dorsch (englisch Cod) in den Küstengewässern um eine Halbinsel in Massachusetts (USA) war, diese als Cape Cod. Wegen dem Dorschfang ist es in der Verganenheit auch schon zu einigen Konflikten gekommen, wie den Dorschkriegen zwischen Großbritannien und Island in den 1970er Jahren.
Dorschfische (Gadiformes) sind auch heute noch eine der wichtigsten Fischordnung für die kommerzielle Fischerei und machten im Jahr 2010 vom gesamten weltweiten Fischfang (ca. 76 Mio. t) fast 10 % (ca. 7,4 Mio. t) aus. Der größte Teil wurde dabei in nördlichen Regionen gefangen (ca. 83 %), ein geringerer Teil in südlichen Regionen (ca. 16 %), und der geringste Teil in zentralen Regionen (ca. 1 %). Dabei entfielen auf den Pazifischen Ozean 52,4 %, auf den Atlantischen Ozean 47,5 %, und auf den Indischen Ozean 0,1 % der Dorschfische. Auf die Familie Lotidae entfielen dabei allerdings nur 0,1 % aller Fische bzw. 1,1 % der Gadiformes.
Der weltweite Gesamtfang der Familie Lotidae aus der Fischerei betrug im Jahr 2010 rund 81.000 t, wobei der größte Teil (57,6 %) auf die Lenge (*Molva*), ein mittlerer Teil (38,4 %) auf die Lumbe (*Brosme*), und der geringste Teil (4,0 %) auf die Quappen (*Lota*) entfallen. Dabei wurden Lenge und Lumbe nur im Meerwasser des Atlantischen Ozeans und die Quappen zu 96 % im Süßwasser und 4 % im Brackwasser Europas gefangen.

Gesamtausbeute an Lotidae
aus der weltweiten Fischerei:
(Nach: Shatz, 2000)

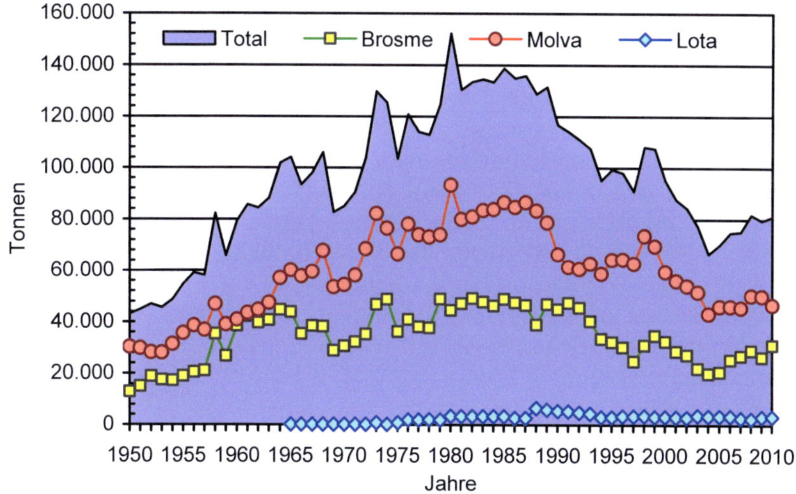

Länderanteil an der Gesamtausbeute
von ca. 81.000 t im Jahr 2010:
(Nach: Shatz, 2000)

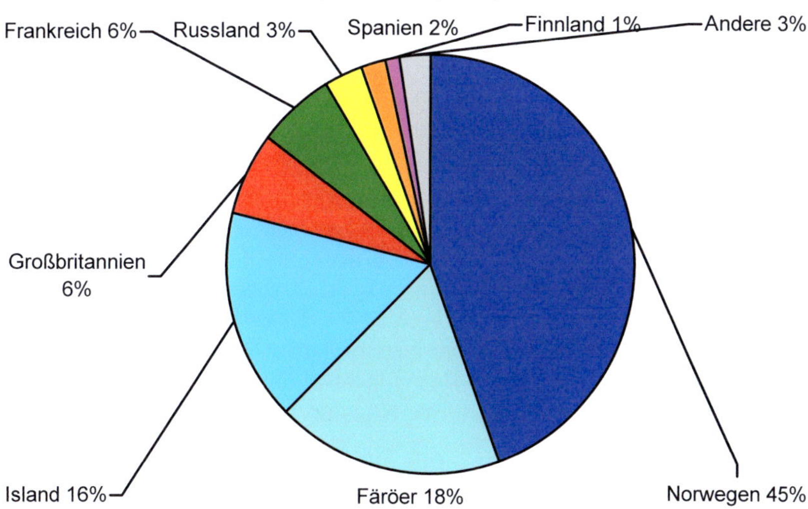

Im Jahr 2010 wurden aus Dorschfischen über 288.000 t Salz-/Klipp-/Stockfisch hergestellt (40 % gesalzen, 56 % gesalzen getrocknet, 4 % ungesalzen getrocknet) und fast nichts geräuchert. Von den Dorschen wurde auch rund 29.000 t Rogen eingelegt oder zubereitet, vorwiegend von Japan, China und Korea. Von Dorschen und Seehechten wurde im Jahr 2010 auch etwa 16.500 t Fischmehl hergestellt, überwiegend von Island und den USA, sowie Chile. Aus Dorschen wurde aber auch fast 5.000 t Leberöl produziert, ausschließlich von Island und Norwegen.
Aus Fischen der Familie Lotidae wurde im Jahr 2010 rund 10.500 t Klippfisch hergestellt (ca. 6,6 % der gesalzenen und getrockneten bzw. 3,6 % aller gesalzenen oder getrockneten Dorschfische), wobei davon 56 % auf den Leng und 44 % auf den Lumb entfallen, hauptsächlich von Norwegen und den Färöer, aber auch von Island.
Die Quappe war schon im Mittelalter sehr begehrt und geschätzt. So heißt es im Fischereibuch Maximilians I. (1504): "Weiters hat der genannte Achensee auch schöne und große Rutten, die bis zu zwei und drei Pfund wiegen. Derselbe Ruttenfang beginnt vierzehn Tage vor Weihnachten und dauert danach ungefähr fünf Wochen lang. Man soll dem Landesfürsten zu dieser Zeit alle Wochen einen Zentner Rutten zum Bedarf des Hofes lebend nach Innsbruck bringen". Und auch im Fischbuch des Bodensees (1557): „Diese (Trüsche) wird einen Werkschuh lang, und zwei Pfund schwer; werden um den ganzen Bodensee nicht mehr und größer gefangen, als zu Rheineck. Dort findet man auch Wirte, die den Gästen die Leber aus den Trüschen (welches am Fisch der wahre Brang und Schleck ist) kochen, und die Trüschen dann wider 14 Tage lang in den Hälter lassen." ... „Wenn man die kochen will, soll man sie in kaltem Wein aufstellen. Im Jahr 1446 wurde zu Konstanz eine so große Trüsche gefangen, das sie fünf Batzen (Münzen) wert war".
Heute hat die Quappe nur in Nord- und Osteuropa eine gewisse wirtschaftliche Bedeutung. Das helle, magere, fast grätenlose Fleisch und besonders die große und fette Leber, die 2-15 % des Gesamtgewichts ausmacht, sind begehrt. Lebertran bzw. Leberöl (ca. 0,8-1,8 % vom Fischgewicht) ist reich an Vitamin A, D und K, sowie Omega-3-Fettsäuren und wurde früher oft zur Stärkung und Vorbeugung gegen Mangelerkrankungen wie Skelettdeformationen (Rachitis) verabreicht, insbesondere an Kleinkinder. Von gewisser Giftwirkung soll allerdings der Rogen der Quappe sein. In Russland wurde früher auch die Schwimmblase und Haut der Quappe zu Fischleim und -leder verarbeitet.

METHODEN:

Mindestens seit dem 15. Jahrhundert wird mit beköderte Legleinen im Süßwasser (Bodensee) auf Quappen bzw. Langleinen im Meerwasser (Barentssee) auf Lenge und Dorsche gefischt. Schleppnetze im Meer werden erst seit Ende des 19. Jahrhundert eingesetzt. Der Fang von Quappen in Seen erfolgt selten mit Zugnetzen, sondern überwiegend mit Stellnetzen (meist Spiegelnetzen) und wie auch in den Flüssen mit verschiedenen Reusen (meist Flügelreusen), hauptsächlich im Winter.

Quappe (*Lota lota maculosa*) die mit einem Stellnetz gefangen wurde. (Foto: P. Vecsei)

An der Ostsee (Weichsel, Memel) wurden früher gleich mehrere Flügelreusen (Wenter) mit einer Maschenweite von 25 mm nebeneinander im Abstand von etwa 4 m vor einem bis zu 100 m langen Leitnetz aufgestellt, was als „Quappenwarte" bezeichnet wurde (siehe Abb.). Dabei wurde das Leitnetz alle 2 m mit Stangen (Pricken) fixiert und reichte vom Ufer in Richtung Flussmitte. Der dem Ufer näher liegende Flügel reichte bis ans Leitnetz, der andere Flügel nur bis ca. 0,5 m vor das Leitnetz. Die Stellung der Reusen (stromauf oder stromab) wechselte dabei mit der Aufwärts- oder Abwärtswanderung der Quappen vor und nach dem Laichen.

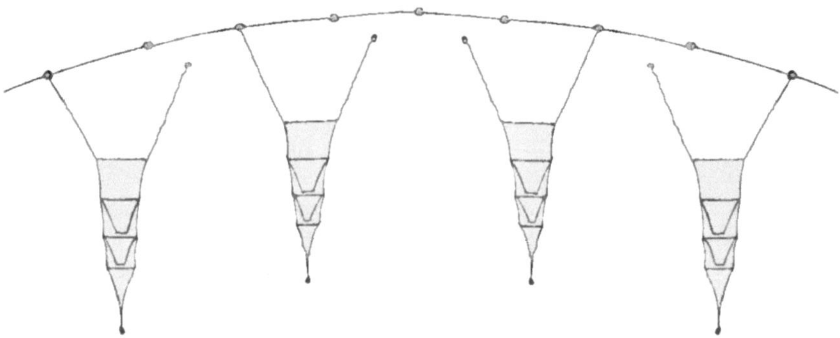

Quappenwarte aus mehreren Flügelreusen. (Nach: Benecke, 1880)

In Alaska (Yukon, Kuskokwim, Copper) werden Quappen oft mit Legleinen bzw. Legangeln gefangen. Dazu wird eine 3-5 mm starke geflochtene Nylonschnur verwendet, an der mehrere 50-100 cm lange Vorfächer mit je einem beköderten Einzelhaken, sowie ein 100-300 g schweres Kugel- oder Birnenblei als Gewicht und einem Wirbel mit Clip oder Karabiner zur Befestigung montiert sind. Der scharfe Haken hat einen Mindestabstand von 19 mm zwischen Schaft und Spitze und als Köder werden meist frische Fische oder -stücke (Heringe, Stinte, Neunaugen) verwendet (lebende Köderfische sind verboten). Im Winter wird das gesamte Vorfach oft auch nur unten an einer Stange oder einem Stock aus Nadelholz befestigt (Laubholz wird von Bibern angenagt), der dann in Flachwasserbereichen durch ein Loch im Eis in den Gewässerboden gesteckt und täglich kontrolliert wird. Um ein Zufrieren zu verhindern, wird das Loch im Eis mit Schnee gefüllt und darüber auch noch ein min. 30 cm hoher Schneehaufen aufgeschüttet.
In der Mongolei (Kosogolsee) werden Quappen gerne in der Abenddämmerung, wenn sie im Sommer zum Fressen ans Ufer kommen, auch heute noch sehr erfolgreich mit einem starken Metallhaken, der an einem langen Holzstiel befestigt ist (Gaff), vom Boot aus im seichten Wasser gehakt und damit aus dem Wasser gerissen. Aber auch in Schweden (Väner- und Vätter-See) wurde bis vor kurzem ein aus Metall gefertigter Kranz bzw. Ring (Ø 15 cm) mit 10-14 Haken (Lokal als „Kräggla" bezeichnet) zum Reißen von Quappen verwendet.
Angelfischereilich werden Quappen am besten mit starker Spinnrute und robuster Stationärrolle mit 0,20-0,30 mm Schnur, Lauf- oder Birnenblei und mittelgroßen Einzelhaken (Gr. 2-4), der mit Würmern, Fischstücken oder Innereien beködert ist, oft in der Dämmerung und Nacht gefangen.

Angelfänge im Moosehead Lake (Maine)
in Abhängigkeit von der Tageszeit:
(Nach: Roy, 2001)

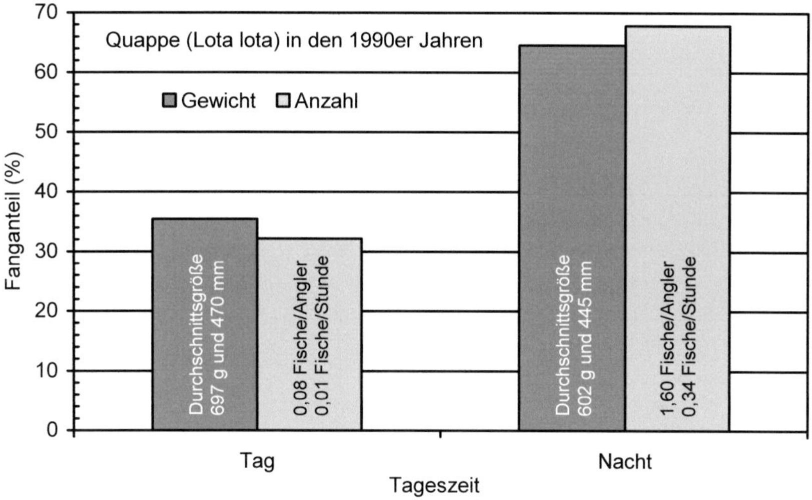

Fanganteile der Fanggeräte
in Abhängigkeit von Art und Region:
(Nach: Baranowska, 2018; Kjellman, 2003)

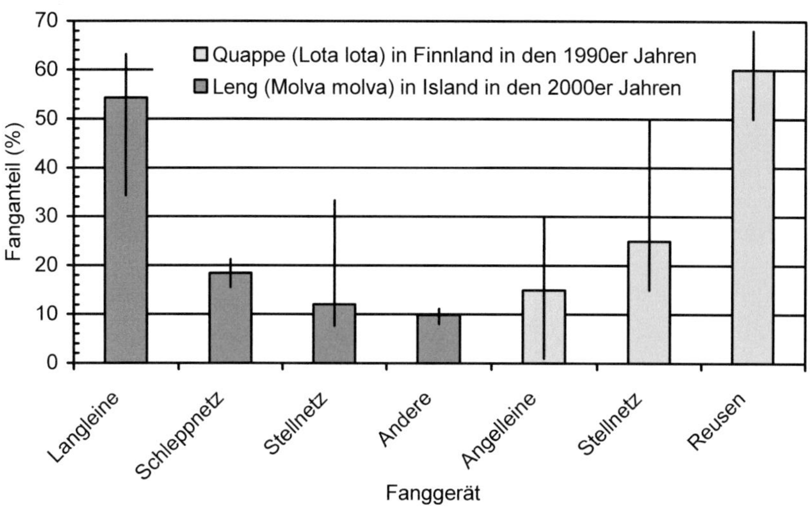

Quappenfänger mit Gaff am Kosogolsee. (Foto: M. Hochleithner)

Quappe (*Lota lota lota*) die mit einem Gaff gehakt wurde. (Foto: M. Hochleithner)

GEFÄHRDUNG:

Da die Quappe unter anderem auch Fischeier frisst, wurde sie früher als vermeintlicher Laichräuber in vielen Gewässern stark verfolgt. Dies hat dazu geführt, dass die Quappe nicht wie andere Fischarten gefördert, sondern gezielt aus den Gewässern entnommen wurde. Der schlechte Ruf als "Laichräuber", den die Quappe bei einigen Gewässerbewirtschaftern und Fischern auch heute noch hat, ist allerdings nicht belegbar. Vielmehr ist erwiesen, dass Quappen und andere heimische Fische nebeneinander in großen und kleinen Gewässern sehr gute Bestände bilden können. Andererseits leistet die Quappe durch ihre hohe Fruchtbarkeit und die pelagisch lebenden Larven einen nicht zu unterschätzenden Beitrag zur Anfangsnahrung der Brut anderer Fischarten.
Insbesondere auch die Gewässerverbauung ist neben der allgemeinen Gewässerverschmutzung für den starken Rückgang verantwortlich. Die Gewässerbelastung mit Schwermetallen und Bioziden, sowie die Eutrophierung durch Industrie, Landwirtschaft und Fremdenverkehr beeinträchtigen die Wasserqualität. Dadurch hat sich die Gewässergüte in vielen Flüssen und Seen stark verschlechtert und die Laichplätze verschlammten. Abwasserstöße führten immer wieder zur direkten Vernichtung des Fisch- und Nährtierbestandes, gravierender sind jedoch die schleichenden Veränderungen des Lebensraumes. Durch die Regulierung der Fließgewässer und den Bau von Wehranlagen wurden die Wanderwege und Laichgebiete stark eingeschränkt. Durch wasserbauliche Maßnahmen kommt es häufig auch zu starken Schwankungen des Wasserspiegels und zur Erhöhung der Wassertemperatur. Begradigungen führen zwangsläufig zu größerem Gefälle sowie erhöhter Fließgeschwindigkeit und die Erosion nimmt zu. Das Geschiebedefizit durch Kraftwerksbau und Kiesgewinnung hat abschnittsweise zu Sohlabsenkungen von bis zu mehreren Metern geführt. Harte Uferverbauungen bewirken eine drastische Reduktion der strukturellen Vielfalt des Gewässerbettes und verursachen damit eine deutliche Abnahme der Bestandsdichte und der Artendiversität.
All dies bewirkte, dass die Quappenbestände in großen Teilen des Verbreitungsgebiets seit Beginn des 20. Jahrhunderts zurückgegangen sind. In einigen Ländern wird die Quappe daher in der "Roten Liste" bereits als gefährdete Art angeführt. In den einzelnen Ländern ergeben sich allerdings unterschiedliche Gefährdungseinstufungen. In einigen gilt sie als regional ausgestorben bzw. verschollen, in anderen als vom Aussterben bedroht oder stark gefährdet bis gefährdet.

SCHUTZ:

Die Quappe hat ohne Zweifel ihre Daseinsberechtigung in der Lebensgemeinschaft der Gewässer, die ihren Lebensansprüchen entsprechen. Sie trägt dazu bei, das biologische Gleichgewicht im Gewässer zu erhalten. Es ist daher sinnvoll diese Fischart zu fördern und zu schützen. Bestehende Bestände sollten durch den Erhalt des naturnahen Gewässerzustandes geschützt werden. Ausgebaute Gewässer sollten in einen naturnahen Zustand zurückgeführt werden und eine Wiederansiedlung durch den Rückbau von Wanderhindernissen muss ermöglicht werden. Gerade in naturnahen Gewässern stellt die Quappe keinen Gefährdungsfaktor für andere Fischarten dar.

Das Schonmaß (Mindestmaß) sollte grundsätzlich so gewählt werden, dass jeder Fisch vor seinem Fang mindestens einmal ablaicht und gleichzeitig die Entnahme mit einer wirtschaftlichen Größe erfolgt (z.B.: 40 cm). Diese Größe schwankt jedoch innerhalb einer Art je nach Nahrungsangebot und klimatischen Bedingungen beträchtlich. Je länger die Fische durch das Schonmaß geschützt werden, desto geringer wird generell der Flächenertrag.

Die Schonzeit sollte sich zeitlich befristet unmittelbar vor und direkt auf die Laichzeit beziehen (z. B. im Winter). Diese Zeit kann aber je nach Lage und Gewässer stark variieren. Dies gewährleistet, dass die laichbereiten Fische nicht zur Laichzeit entnommen werden.

Das Schongebiet sollte für einen ausgedehnten Bereich gelten (z.B. an bekannten Laichplätzen). Es gewährleistet ein ungestörtes Ablaichen und hilft so zumindest teilweise den Bestand zu sichern. Eine weitere Möglichkeit ist ein zeitliches Entnahmelimit (Tages- oder Jahreslimit).

Eine nachhaltige fischereiliche Bewirtschaftung muss neben der Hege des Fischbestandes auch in besonderer Weise die Pflege der Gewässer und den Schutz der Ufer mit einschließen. Alle wasserbaulichen Arbeiten müssen sich nach den spezifischen Gegebenheiten im jeweiligen Gewässer richten. Gezielte Artenschutzmaßnahmen beginnen mit einer Bestandsaufnahme und der Ergründung der Gefährdungsursachen. Nach deren Beseitigung kommt es bei natürlicher Reproduktionsmöglichkeit in der Regel zur selbständigen Bestandserholung. Der natürliche oder zumindest naturnahe Zustand des Lebensraumes mit der Habitatvielfalt die den Ansprüchen der verschiedenen Altersstadien entsprechen, bietet den besten Schutz für die Erhaltung einer Population und erübrigt in vielen Fällen den Fischbesatz.

Ein Besatz zur Wiedereinbürgerung sollte möglichst mit Setzlingen erfolgen, die nur kurze Zeit in einer Zuchtanlage verbracht haben. Durchgeführte Besatzversuche mit (2 Mio.) Larven blieben ohne Erfolg. Bei kleinen vorgestreckten Fischen (3-4 oder 4-5 cm) kann hingegen mit hohen Überlebens- und guten Wachstumsraten gerechnet werden, wodurch die Besatzmaßnahme äußerst erfolgreich und wirtschaftlich ist.
In einem kleinen naturbelassenen Wiesenbach (Breite ca. 1,0 m, Wasserführung ca. 80 l/s, Länge ca. 400 m) wurden, neben Forellen, rund 100 Stück vorgestreckte Quappen besetzt und nach 5 Monaten 46 Stück (bei einem Fangerfolg von ca. 80 %) elektrisch abgefischt. Dies entspricht einem Wiederfang von 46 % bzw. 58 % des Besatzes.
In einem teilweise naturbelassenen Mühlbach (Breite ca. 4,5 m, Wasserführung ca. 1.000 l/s, Länge ca. 7.000 m) wurden, neben ein- und mehrjährigen Forellen, rund 1.600 St. vorgestreckte Quappen besetzt und nach 4 Monaten 320 Stück (bei einem Fangerfolg von ca. 60 %) elektrisch abgefischt. Dies entspricht einem Wiederfang von 20 % bzw. 33 % des Besatzes.
In beiden Fällen hatten die Quappen beim Besatz eine Größe von 4-5 cm (0,6 g) und beim Abfischen eine Größe von 16-20 cm (30-50 g).

Wachstum von Besatzquappen
in einem Fließgewässer (Ruhr):
(Nach: Schneider et al., 2002)

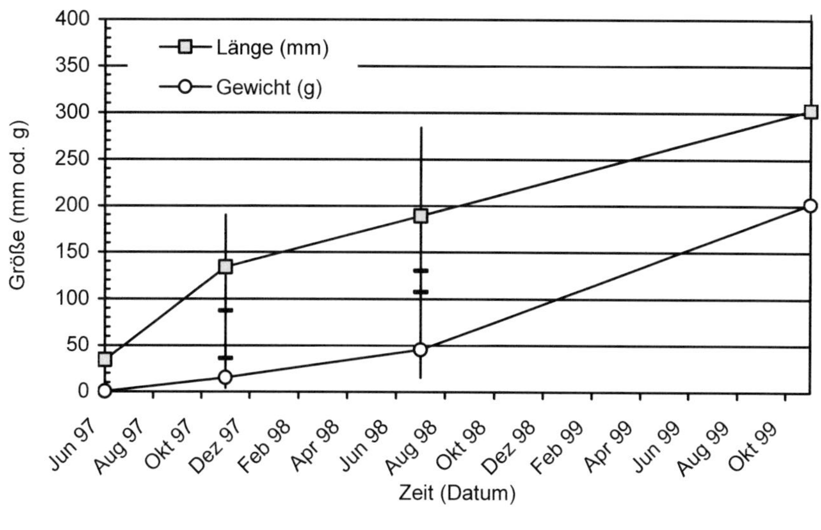

VERARBEITUNG:

Bei der Verarbeitung von Fischen sind nur Trinkwasser, sowie leicht zu reinigende Materialien, wie Edelstahl und Kunststoff zu verwenden. Die aktuellen Vorschriften, wie Tierschutz-, Marktordnungs-, Lebensmittel-, Bedarfsgegenständegesetz sowie Zusatzstoff-, Höchstmengen-, Kennzeichnungs- und Hygieneverordnung etc. sind zu beachten.
Zum Schlachten bestimmte Fische sollten vorher zur Ausnüchterung (Entleerung des Darms) in sauberem, kühlem Wasser für 1-2 Wochen in abgedeckten Becken (ohne Fütterung) gehältert werden.
Zum Töten werden die Fische zunächst betäubt. Dies geschieht bei einer kleinen Menge an Fischen durch einen kräftigen Schlag auf den Kopf hinter die Augen mit einem (30-50 cm langen) Holzstock. Bei größeren Mengen wird oft mit Strom (2-4 V/cm für 1 Minute) betäubt.
Zum Ausbluten werden nach der Betäubung mit einem kleinen Messer die Kiemenbögen und damit die Hauptblutbahn durchtrennt. Anschließend kommen die Fische meist gleich in einen mit Eiswasser gefüllten Behälter und kühlen so schnell auf ca. 0 °C herunter.
Zum Ausnehmen wird die Bauchseite mittig mit einem kleinen, speziell geformten, hakenförmigen Messer vom After zur Kehle hin aufgeschnitten und die Eingeweide, ohne diese zu verletzen, entfernt. Anschließend wird mit einem Teelöffel die Niere herausgekratzt und die Fische gründlich gewaschen. Bei größeren Mengen werden manchmal Schlachthilfen eingesetzt, die die Eingeweide heraussaugen und eventuell mit einer rotierenden Bürste mit Wasserspülung säubern.
Zum Häuten wird die Haut hinter dem Kopf rundherum eingeschnitten und anschließend am besten mit einer Zange vom Fisch gezogen, meist noch vor dem Ausnehmen. Wurden vorher Filets hergestellt, dann werden diese mit der Hautseite nach unten auf ein Brett gelegt. Anschließend wird mit einem langen dünnen Messer das Fleisch am Schwanzstiel bis zur Haut eingeschnitten und das Messer mit einem Schnitt weiter entlang der Haut durchgezogen. Zum Festhalten der Haut kann diese am Schwanzstiel etwas eingeschnitten werden.
Zum Filetieren per Hand wird mit einem langen dünnen Messer an einer Körperhälfte direkt hinter dem Kopf bis auf die Wirbelsäule geschnitten. Dann wird der Fisch vom Kopf bis zur Schwanzflosse entlang der Rückenflosse bis zur Wirbelsäule eingeschnitten und anschließend entlang der Rippen bis zum Bauch geschnitten, um so ein Filet zu erhalten. An der anderen Körperhälfte wird ebenso verfahren; die beiden Filets werden noch zugeschnitten und gesäubert.

Häuten und Ausnehmen einer Quappe. (Fotos: H. Wocher)

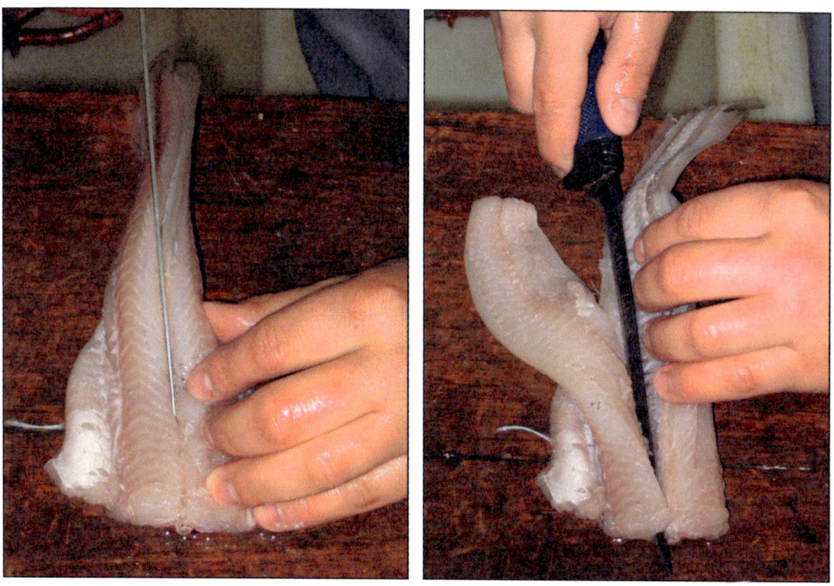

Filetieren einer Quappe. (Fotos: H. Wocher)

Beim Kühlen erfolgt die Lagerung von Frischfisch am besten bei Temperaturen von 0 bis +4 °C und einer relativen Luftfeuchte von 90-95 %.
Beim Frieren erfolgt die Lagerung von Frostfisch am besten bei Temperaturen von -18 bis -20 °C. Entscheidend für das schonende Einfrieren ist eine schnelle Gefriergeschwindigkeit von mindestens 1-2 cm/h (2 h bei -35 bis -40 °C) und das rasche Unterschreiten der Kerntemperatur von -10 °C. Frostfisch sollte generell nicht länger als 3-6 Monate gelagert werden. Der Gewichtsverlust bei der Gefrierlagerung kann bis zu 20 % betragen.
Zum Glasieren wird der frisch gefrostete Fisch ein bis zweimal kurz in sehr kaltes Wasser getaucht und erhält so eine schützende Eishülle. Zum Verpacken werden die Fische oder meist Filets am besten in Kunststoffbeuteln vakuumiert.
Das Räuchern erfolgt mit Hartholz (z.B.: Buche, Eiche, Teak). Dabei können drei Verfahren unterschieden werden: Kaltrauch (unter 25 °C), Warmrauch (25-50 °C) und Heißrauch (über 50 °C). Da die Quappe fettarm ist wird meist nur die fette Leber heißgeräuchert.

Schlachtkörperausbeute bei Quappen (*L. lota*)
aus der Aquakulturproduktion (á 350-650 g):
(Nach: Wocher & Aschenbrenner, 2010)

Körperteile	Anteil (%)
Innereien	**15-25**
Leber	7-9
Gonaden	5-15
Restkörper	**35-45**
Kopf	15-20
Haut	11-12
Filet	**35-40**

Das helle, fettarme Fleisch der Quappe ist grätenarm und wohlschmeckend. Es eignet sich zum Kochen und Dünsten ebenso wie zum Braten und Backen. Abschnitte, wie Kopf (ohne Kiemen), Flossen, Haut und Skelett eignen sich für die Herstellung von Suppen und Saucen.
Je nach Lebensraum, Ernährung, Größe und Saison beträgt der Proteingehalt 15-20 % im Filet und 5-7 % in der Leber, und der Fettgehalt durchschnittlich 2-3 (1-10) % im Filet und 25-35 (10-55) % in der Leber. Der Nährwert des Fleisches beträgt 3-6 MJ/kg.

ANHANG

Rezepte

für jeweils 4 Personen

SUPPEN:

Quappenlebersuppe

Zutaten	Zubereitung
0,20 kg Quappenleber 0,04 kg Butter 0,80 l Fischfond 4 Toastscheiben 1 Zwiebel 1/2 Bund Petersilie 1/2 Bund Schnittlauch Salz und Pfeffer	Gehackte Zwiebel in Butter hell anrösten, die gehackte Petersilie und die faschierte Leber mit den abgekühlten Zwiebeln vermischen, mit Salz und Pfeffer würzen. Die Toastscheiben mit der Lebermasse bestreichen und im Backofen bei 200 °C für ca. 10 Min. backen, bis die Leber fest ist. Anschließend in ca. 1 cm breite Streifen schneiden, auf abgeschmeckter Suppe in Teller anrichten und mit Schnittlauch garnieren.

VORSPEISEN:

Quappencocktail

Zutaten	Zubereitung
2 Quappen (á 0,25 kg) 1 TL Salz 8 Salatblätter Zitrone und Dille Sauce: 2 EL Salatmayonnaise 2 EL Tomatenketchup 1 TL Worcestersauce 1 TL Cognac Salz und Zitrone	Quappen häuten, filetieren und ca. 5-10 Min. in Salzwasser pochieren oder für ca. 15-20 Min. heißräuchern. Die abgekühlten Filets in mundgerechte Stücke zerteilen und auf Salatblätter in Cocktailgläser anrichten. Für die Cocktailsauce alle Zutaten gut verrühren und mit Salz und etwas Zitronensaft nach Belieben abschmecken. Die Fischstücke mit Cocktailsauce napieren, mit Zitronenscheibe und Dillspitzen garnieren. Anschließend mit Baguette servieren.

Ruttenleber auf Blattsalat

Zutaten	Zubereitung
0,20 kg Quappenleber Div. Blattsalate Fleur de Sel Rosa Pfeffer Dressing: 0,05 kg Haselnüsse 1 Bund gemischte Kräuter (Dille, Schnittlauch, Petersilie, Rauke, etc.) 2 EL Rapsöl 2 EL Weinessig Salz und Pfeffer	Fischleber bei 150-200 °C für ca. 20-30 Min. räuchern. Gewaschenen und zerkleinerten Salat auf Teller anrichten. Haselnüsse im Mixer zerkleinern, mit Kräutern, 1 EL Wasser und anderen Zutaten mixen und den Salat damit beträufeln. Fischleber in Scheiben schneiden, auf den Salat drapieren, mit Fleur de Sel oder grobem Meersalz bestreuen und eventuell mit rosa Pfefferbeeren garnieren. Dazu Toast und Butter servieren.

Trüschen Saltimbocca

Zutaten	Zubereitung
2 Quappenfilets (á 0,2 kg) 8 Salbeiblätter 2 Scheib. Parmaschinken 2 EL Öl 0,10 kg Rucola 0,10 kg Kirschtomaten 8 Stangen Spargel 4 EL Balsamessig (weiß) 4 EL Olivenöl Salz und Pfeffer Zitrone	Die Filets in Stücke (Medaillons) schneiden und diese dann quer tief einschneiden, mit je 2 Salbeiblättern und einer halben Scheibe Schinken belegen, zustecken, salzen, pfeffern und mit Zitrone marinieren. Inzwischen Rucola waschen und auf Teller verteilen. Spargel schälen, kurz kochen und über Kreuz auf den Salat legen, mit den halbierten Tomaten garnieren und der Essig-Ölmarinade übergießen. Die Medaillons in 2 EL Öl braten und auf dem Salat anrichten.

Quappenleber mit Safranrisotto

Zutaten	Zubereitung
0,40 kg Quappenleber 0,10 kg Butter 0,03 kg Parmesan 1/8 l Weißwein 1/2 l Suppenbrühe 1 Zwiebel Safran Salz und Pfeffer 0,20 kg Risottoreis (Arborio oder Carnaroli)	Reis in etwas (0,03 kg) Butter anlaufen lassen, mit Wein aufgießen und verkochen lassen. Safran einrühren, mit etwas Suppe immer wieder aufgießen, bis der Reis weich, aber noch bissfest ist. Etwas (0,02 kg) Butter und geriebenen Parmesan einrühren. Restliche (0,05 kg) Butter erhitzen, Zwiebel in Ringe schneiden und hell anrösten, zerteilte Leber mitrösten, zuletzt mit Salz und Pfeffer würzen. Leber auf dem Risotto anrichten und eventuell mit Salat servieren.

HAUPTSPEISEN:

Quappenburger mit rote Beete

Zutaten	Zubereitung
0,60 kg Quappenfleisch 4 Brötchen od. Semmeln 4 Salatblätter 1 Tomate 1 Eiklar 1/2 Chilischote Korianderblätter 4 EL Sahne-Meerrettich 1/4 l Sonnenblumenöl 1 Rote Beete Salz und Pfeffer	Quappenfleisch mit Koriander und Chili grob faschieren oder fein hacken. Eiklar sowie Salz und Pfeffer unterrühren und 4 Burgerpaddys formen. Rote Beete schälen, in 1,0-1,5 cm große Würfel schneiden und in Öl frittieren, auf Küchenkrepp abtropfen und salzen. Parallel dazu die Burgerpaddys mit Öl in Pfanne oder am Grill auf jeder Seite für ca. 3-5 Min. braten. Brötchen halbieren und auf den Schnittflächen kurz toasten. Anschließend untere Brötchenhälfte mit Salatblatt und Fischpaddy belegen, Sahnekren und Tomatenscheibe darauf geben und mit oberer Brötchenhälfte abdecken. Rote Beete neben dem Burger oder in einer Schale anrichten.

Gebratene Trüsche

Zutaten	Zubereitung
2 Quappen á 0,50 kg 0,04 kg Butter 1 Bund Petersilie 1 Schalotte 1 Knoblauchzehe 1 Zitrone 2 EL Öl Salz	Die Quappen häuten, ausnehmen und waschen. Die weiche Butter mit dem gepressten Knoblauch, der gehackten Schalotte und Petersilie sowie Zitronensaft und -zesten mischen und die Fische innen damit bestreichen und mindestens eine Stunde ziehen lassen. Trockentupfen, salzen, mit Öl bestreichen und am Rost braten. Auf diese Weise kommt das feine Aroma der Fische gut zur Geltung.

Quappe im Bierteig

Zutaten	Zubereitung
4 Quappenfilets (á 0,2 kg) 0,25 l Bier 0,15 kg Mehl 2 Eier 1 Zitrone 4 EL Butterschmalz Salz und Pfeffer	Die Filets salzen, pfeffern und mit Zitrone marinieren. Das Bier mit den Eidottern, Salz und Mehl versprudeln und 15 Min. quellen lassen. Eiklar zu Schnee schlagen und unterheben. Die Filets durch den Bierteig ziehen und in Butterschmalz goldgelb ausbacken. Dazu passt gut ein Gurken-Kartoffelsalat.

Rutte in Alufolie

Zutaten	Zubereitung
4 Quappenfilets (á 0,2 kg) 1 Zwiebel 4 Blatt Mangold 1 Bund Petersilie 0,30 kg Champignon 0,04 kg Butter 2 Limetten Salz und Pfeffer	Alufolie mit Butter bestreichen und auf 4 Teile teilen. Mangoldblätter ohne Stiele blanchieren, auf je 1 Folie legen. Zwiebel in Butter anrösten, blättrig geschnittene Champignon mitrösten, Petersilie untermischen, salzen und pfeffern und auf dem Mangold auftragen. Darauf die Filets, mit Salz und Pfeffer würzen und mit Limettenscheiben belegen. Folie zu Päckchen formen und bei 180 °C ca. 15-20 Min. backen. Wenn man dazu Kartoffelgratin serviert, kann man die Päckchen ca. 40 Min. nach dem Gratin ins Backrohr schieben.

Klippfischmedaillons

Zutaten	Zubereitung
0,60 kg Klippfisch (Leng) 2 Lorbeerblätter 1 Sternanis 2 EL Weizenmehl 2 EL Olivenöl Salz	Klippfisch für zwei Tage (ca. 48 h) in kaltem Wasser einlegen, dabei das Wasser mehrfach wechseln. Für die Zubereitung mit Lorbeerblättern und Anisstern ca. 10-15 Min. in leicht siedendem Wasser pochieren. Herausnehmen und abkühlen lassen, dann Gräten und Haut entfernen und in Medaillons schneiden. Anschließend die Fischstücke abtrocknen, vorsichtig salzen, in Mehl wälzen, und in heißem Olivenöl von beiden Seiten goldgelb anbraten. Nach Belieben mit Kartoffeln und Gemüse oder Salat servieren.

Entwicklung

Embryonalentwicklung der Quappe (*Lota lota*)

bei einer Wassertemperatur von 3-5 °C:

(Nach: Egan et al., 2015)

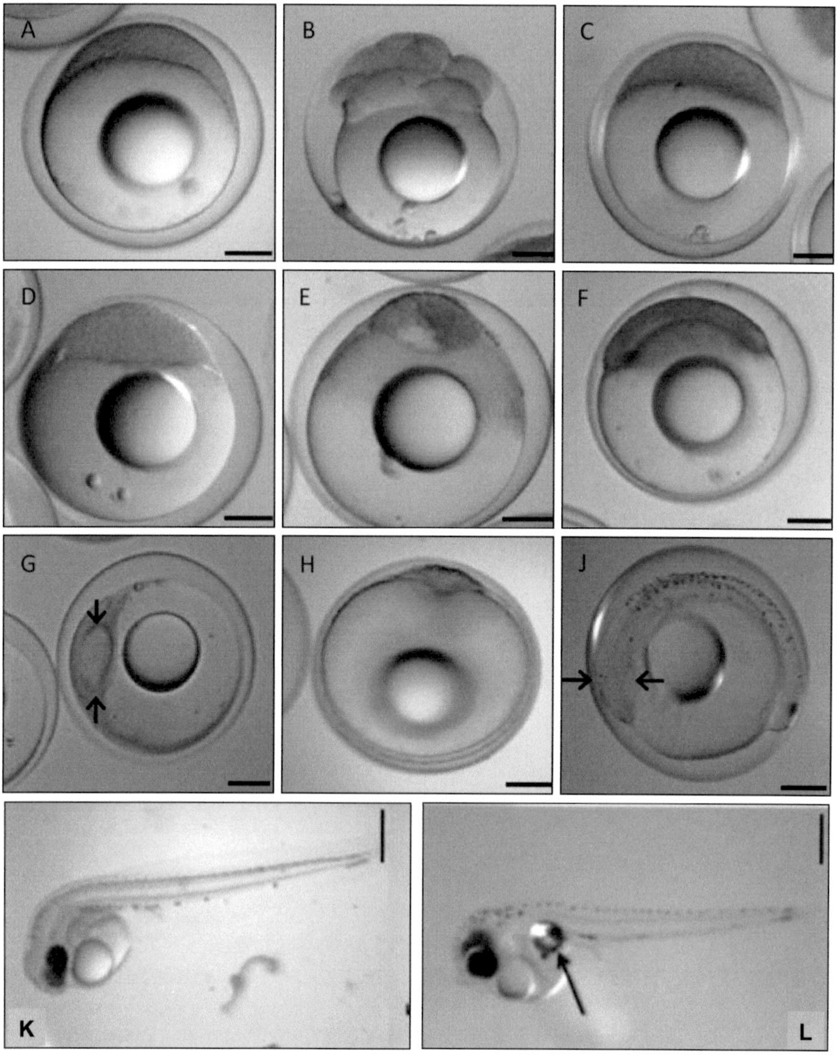

Größenskala = 0,2 mm bei Eier bzw. 0,5 mm bei Larven.

Embryonalentwicklung der Quappe (*Lota lota*)
bei einer Wassertemperatur von 3-5 °C:
(Nach: Egan et al., 2015)

Entwicklung		**Dauer**		**Charakteristik**
Periode	Stadium	Tage	Tagesgrade	Beschreibung
Furchung	1-Zell	0	1	Zellformation, Zellteilung etwa alle 8 h (Bild A)
	16-Zell	1	4	Zellengröße unregelmäßig (Bild B)
	128-Zell	2	8	Kappenähnliche Zellansammlung am Dotter (Bild C)
Blastulation	Schichten	3	12	Synzytialschicht zwischen Kappe und Dotter (Bild D)
	Sphären	4	16	Zellmasse senkt Dotter (Bild E)
	Scheiben	5	17	Zellmasse verlängert und befindet sich oben am Dotter
Gastrulation	Keimring	5	18	Zellbewegung beginnt (Bild F)
	25 % Epibolie	5	20	Zellmasse bedeckt Dotter (Bild G)
	50 % Epibolie	6	24	Embryo entwickelt Achsen (Bild H)
Segmentation	Schild	13	52	Mediale Achse schwillt und hat schildähnliches Aussehen
	Augenpunkt	15	60	Unpigmentierte feste Zellmasse an Neuralplatte (Bild J)
	Schlupf	33	136	Embryo bewegt sich und befreit sich von der Eihaut (Bild K)
Blasenfüllung	Larven	40	183	Luftblase als klare Kugel über dem Gastrointestinaltrakt (Bild L)
Fressbeginn	- " -	45	229	Aufnahme exogener Ernährung

Larvenentwicklung der Quappe (*Lota lota*)
im natürlichen Lebensraum:
(Nach: Meshkov, 1972)

Stadium 1 (Mitte)

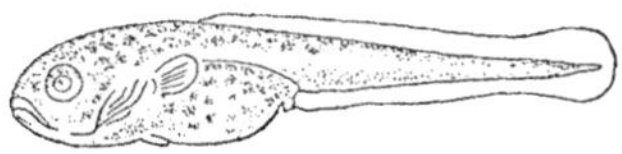

Stadium 2 (Ende)

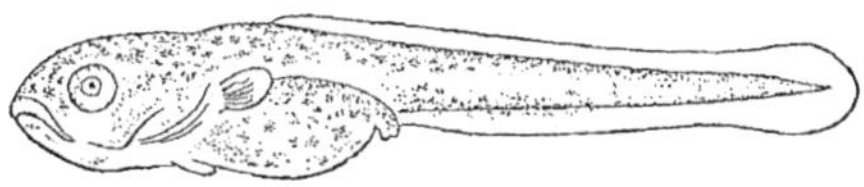

Stadium 3 (Mitte)

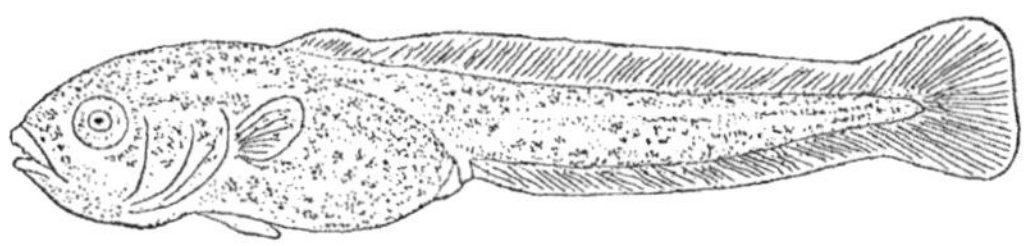

Stadium 3 (Ende)

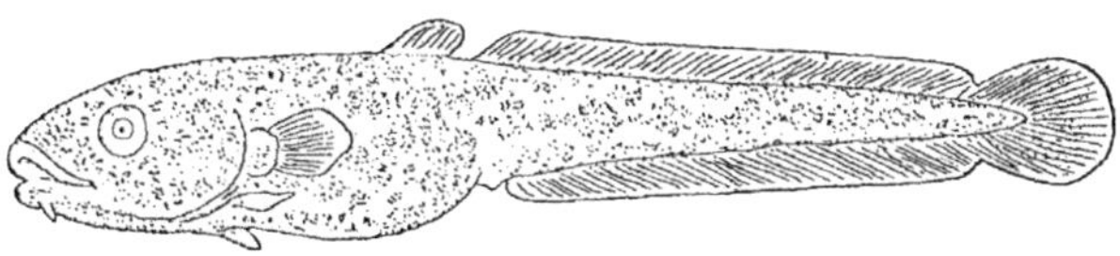

Stadium 4 (Mitte)

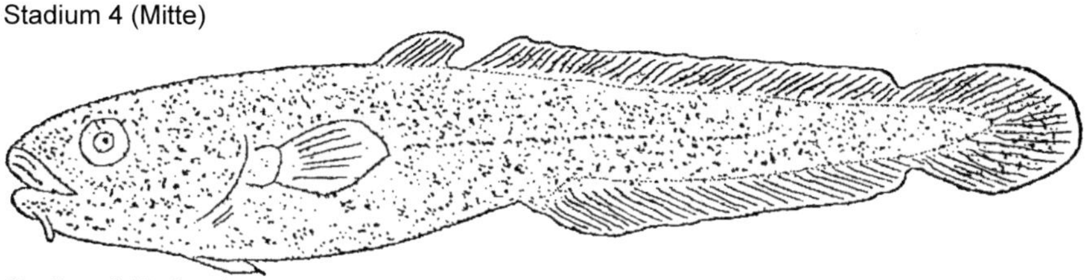

Stadium 5 (Anfang)

Maßstab:

10 mm

Larvenentwicklung der Quappe (*Lota lota*):

(Nach: Meshkov, 1972)

Stadium	Fischlänge	Ernährung	Morphologie
Nr:	mm	Anteil	Anmerkungen
1 Protolarve	3-4	Dottersack	Schnauzenlänge 18 % der Kopflänge Augendurchmesser 58 % der Kopflänge Darmlänge 46 % der Körperlänge Endogene Ernährung
2 Protolarve	4-8	82 % Zooplankton 18 % Phytoplankton	Schnauzenlänge 19 % der Kopflänge Augendurchmesser 42 % der Kopflänge Darmlänge 54 % der Körperlänge Exogene Ernährung
3 Mesolarve	8-15	84 % Zooplankton 10 % Phytoplankton 6 % Insektenlarven	Schnauzenlänge 24 % der Kopflänge Augendurchmesser 32 % der Kopflänge Darmlänge 78 % der Körperlänge Intensive Körperpigmentation
4 Metalarve	15-23	83 % Zooplankton 7 % Phytoplankton 10 % Insektenlarven	Schnauzenlänge 26 % der Kopflänge Augendurchmesser 28 % der Kopflänge Darmlänge 82 % der Körperlänge Benthische Lebensweise
5 Juvenil	23-40	84 % Zooplankton 16 % Insektenlarven	Schnauzenlänge 27 % der Kopflänge Augendurchmesser 23 % der Kopflänge Darmlänge 85 % der Körperlänge Abgeschlossene Metamorphose
6 Juvenil	40-80	44 % Zooplankton 15 % Krebse 36 % Insekten 2 % Mollusken 3 % Würmer	Schnauzenlänge 28 % der Kopflänge Augendurchmesser 20 % der Kopflänge Darmlänge 85 % der Körperlänge Intensives Wachstum
7 Juvenil	80-140	18 % Zooplankton 24 % Krebse 43 % Insekten 9 % Mollusken 6 % Würmer	Schnauzenlänge 30 % der Kopflänge Augendurchmesser 19 % der Kopflänge Darmlänge 89 % der Körperlänge Habitatwechsel
8 Subadult	140-190	nicht untersucht	Schnauzenlänge 30 % der Kopflänge Augendurchmesser 18 % der Kopflänge Darmlänge 91 % der Körperlänge Überwinterung
9 Adult	>190	28 % Krebse 33 % Insekten 9 % Mollusken 20 % Fische 10 % Pflanzen	Schnauzenlänge 30 % der Kopflänge Augendurchmesser 17 % der Kopflänge Darmlänge 93 % der Körperlänge Gonadenentwicklung

Krankheiten

Viren (Vira):
Dies sind in Zellen vorkommende (intrazelluläre), submikroskopische Parasiten, die entweder Ribonukleinsäure (RNS) oder Desoxyribonukleinsäure (DNS) aufweisen und über eine Schutzhülle verfügen, die nur aus Proteinen besteht oder sich aus Proteinen und Lipid- oder Kohlenhydratbestandteilen zusammensetzt. Innerhalb lebender Zellen können sie sich sehr zahlreich vermehren und dabei ihren Wirt schädigen.

Bakterien (Bacteria):
Dies sind mikroskopisch kleine, einzellige Organismen ohne echten, klar umrissenen Zellkern (Prokaryonten), die sich im Allgemeinen durch Zellteilung vermehren. Einige Bakterien können, vor allem unter intensiven Haltungsbedingungen, auch zu Erkrankungen bei Fischen führen (*Aeromonas, Pseudomonas, Flexibacter, Vibrio*).

Pilze (Fungi):
Dies sind chlorophyllfreie Organismen mit heterotropher Ernährung, die sich durch Sporen verbreiten und vermehren. Einige Niedere Pilze (Oomycetes) wie die Wasserschimmelpilze (Saprolegniacea) dringen oft in verletzte Hautstellen der Fische oder Eier ein und können in der Folge Verluste verursachen (*Achlya, Aphanomyces, Branchiomyces, Saprolegnia*).

Einzeller (Protozoa):
Dies sind einzellige Tiere, die kaum oder gar nicht zu Gewebesystemen differenziert sind. Einige Klassen können vor allem bei schlechten Umweltbedingungen Erkrankungen hervorrufen, wie Geißeltierchen (Flagellata), Wimpertierchen (Ciliata), Sporentierchen (Sporozoa), Myxotierchen (Myxozoa).

Vielzeller (Metazoa):
Dies sind mehrzellige Tiere, die ihre Energie durch die Verdauung von Nährstoffen gewinnen und deren Zellen zu Geweben organisiert sind. Einige Klassen können Erkrankungen hervorrufen, indem sie in oder auf anderen Organismen parasitieren. Meist ist das Verhältnis Parasit zu Wirt ausgeglichen und die Parasiten schädigen den Wirt nicht zu sehr. Bei Massenbefall sind jedoch auch Schädigungen und Verluste möglich. Je nach Befall werden Innen- und Außenparasiten unterschieden.

INNENPARASITEN (Endoparasiten):

Plattwürmer (Plathelminthes):

Saugwürmer (Trematoda) haben an ihrer Unterseite, zumeist in der Nähe des vorderen Körperendes, eine Mundöffnung und befallen die Körperorgane. Monogenea haben keinen Wirtswechsel und die Entwicklung erfolgt direkt am Endwirt. Digenea benötigen ein oder zwei Zwischenwirte, wobei der erste Zwischenwirt stets ein Weichtier (Muschel oder Schnecke) ist. Der Endwirt, in dem die Parasiten geschlechtsreif werden, ist ein Wirbeltier (Fische, Amphibien, Reptilien, Vögel oder Säugetiere). Meist sind es die Larven der Parasiten, die Erkrankungen bei den Fischen verursachen. Die meisten Arten sind Zwitter und sehr wirtsspezifisch.
Bandwürmer (Cestoda) sind ebenfalls Zwitter und kommen als adulte Parasiten im Verdauungstrakt der Endwirte (Wirbeltiere) vor. Sie haben keinen Darm und sind durch das Vorhandensein eines Kopfes (Scolex) gekennzeichnet, der zur Verankerung an der Darmwand des Wirtes mit einer Krone aus Häkchen, Sauggruben oder Saugnäpfen ausgestattet ist. Die Nahrungsaufnahme erfolgt über die gesamte gegliederte Körperoberfläche. Als Larven benötigen sie einen oder mehrere Zwischenwirte, meist andere Wirbeltiere oder Gliedertiere (Insekten, Krebse) und enzystieren oft in den inneren Organen (Leber, Gehirn) oder der Muskulatur der Zwischenwirte.

Rundwürmer (Nemathelminthes):

Fadenwürmer (Nematoda) sind zylindrische, spitz zulaufende Würmer mit einfachem Körperbau. Sie besitzen eine widerstandsfähige, muskulöse Außenhaut (Cuticula), die im Verlauf des Lebens viermal gehäutet wird. In ihrem Inneren befindet sich ein Darmrohr, dazwischen liegen flüssigkeitsgefüllte Hohlräume (Pseudocoel). Ihr Körper wird durch den Druck der Körperflüssigkeit gestützt (Hydroskelett). Sie sind getrenntgeschlechtlich, wobei die Weibchen meist bedeutend größer als die Männchen sind, und ernähren sich in der Regel durch Einsaugen von Flüssigkeiten oder die Aufnahme kleiner, weicher Nährstoffteilchen.
Kratzer (Acanthocephala) sind getrenntgeschlechtlich, sie besitzen weder Darm noch Blutkreislaufsystem und nehmen sämtliche Nährstoffe über die Körperwände auf. Sie haben am Kopf ein mit Haken besetztes, rückziehbares Halteorgan, mit dem sie sich im Darm von Wirbeltieren festsetzen. Sie benötigen ein bis zwei Zwischenwirte. Die Eier werden mit dem Kot des Wirtes ausgeschieden und von Wirbellosen aufgenommen, in deren Gewebe sich die Larven einbohren.

AUSSENPARASITEN (Ektoparasiten):

Plattwürmer (Plathelminthes):
Hakenwürmer (Monogena) heften sich mit Hilfe muskulärer Haftscheiben, die oft Haken besitzen, an ihren Wirt und befallen die Haut, Flossen und Kiemen. Sie haben einen direkten Lebenszyklus mit nur einem Wirt. Alle Plattwürmer sind einfach gebaut, sie haben weder After noch Blutkreislauf, aber bereits echte Organe und sind Zwitter.
Strudelwürmer (Turbellaria) sind frei lebend und keine echten Parasiten, sie können jedoch gelegentlich abgelegte Eier aussaugen.

Ringelwürmer (Annelida):
Einige Egel (Hirudinea) befallen die Haut oder Kiemen der Fische und ernähren sich vom Blut der Wirte. Egel sind abgeflachte, geringelte Würmer, die sowohl am Vorder- als auch am Hinterende mit je einer Saugscheibe ausgestattet sind. Sie sind Zwitter, wobei die Fortpflanzung meist mit einer Kopulation verbunden ist, bei der Sperma wechselseitig übertragen wird. Die Vermehrung der Parasiten erfolgt dabei nicht am Wirt, sondern am Boden, wo die zahlreichen Eikokons meist an Steinen abgelegt werden.

Weichtiere (Mollusca):
Von den Muscheln (Bivalvia) sind manche Blattkiemer (Eulamellibranchiata) als Larven parasitär und enzystieren auf der Haut oder den Kiemen von Fischen. Dabei sind die Larven (Glochidien) oft sehr wirtsspezifisch.

Gliederfüßer (Arthropoda):
Einige Krebstiere (Crustacea), wie Ruderfußkrebse (Copepoda), Fischläuse (Branchiura) und Fischasseln (Isopoda), befallen die Haut oder Kiemen der Fische und ernähren sich vom Blut der Wirte. Bei den Ruderfußkrebsen sind oft nur die Weibchen parasitär. Bei den Fischläusen sind alle Stadien parasitär und können freischwimmend von Wirt zu Wirt wandern.
Wenige Spinnentiere (Arachnida), wie Milben (Acarina), befallen als Larven gelegentlich die Kiemen der Fische. Die parasitären Larven entwickeln sich zu inaktiven sechsbeinigen Nymphen (Nymphophan), die vom Wirt brechen und sich nach einer aktiven freischwimmenden Phase an Vegetation heften, zu Puppen (Teleiophan) entwickeln, woraus sich das frei lebende geschlechtsreife achtbeinige Tier entwickelt.

Die häufigsten Parasiten der Quappe:

(Nach: Reichenbach-Klinke et al., 1980; Ritterbusch et al., 2018)

PROTOZOA (Einzeller)

***CILIATA* (Wimpertierchen):**

Apiosoma sp.
Chilodonella cyprini
Glossatella megamicronucleata
Epistylis sp.
Ichthyophthirius multifiliis
Trichodina sp.
Trichodinella epizootica

***FLAGELLATA* (Geißeltierchen):**

Hexamita sp.

***MICROSPORA* (Mikrotierchen):**

Glugea anomala

***MYXOSPORA* (Myxotierchen):**

Chloromyxum dubium, C. lenorae, C. mucronatum, C. reticulatum
Caudomyxum nanum
Myxidium lieberkuehni
Myxobolus muelleri, M. pfeifferi
Sphaerospora cristata, S. elegans

METAZOA (Vielzeller)

***CESTODA* (Bandwürmer):**

Cyathocephalus truncatus
Diphyllobothrium latum, D. dendriticum
Eubothrium rugosum
Triaenophorus nodulosus

***MONOGENA* (Hakenwürmer):**

Gyrodactylus lotae
Diplozoon paradoxum

***TREMATODA* (Saugwürmer):**

Allocreadium isoporum
Azygia lucii, A. robusta
Bucephalus polymorphus
Bunodera lucioperca
Crepidostomum farionis
Crowcrocoecum skrjabini
Derogenes varicus
Diplostomulum clavatum, D. hughesi (Larve)
Diplostomum spathaceum, D. gasterostei (Larve)
Hemiurus appendiculatus
Neodiplostomum sp. (Larve)
Phyllodistomum megalorchis
Posthodiplostomum sp.
Sphaerostoma bramae
Tylodelphus sp.

***NEMATODA* (Fadenwürmer):**

Camallanus lacustris, C. truncatus
Capillaria brevispicula
Comephoronema oschmarini
Contracaecum osculatum
Cosmocephalus obvelatus
Cottocomephronema problematica
Cucullanus truttae
Cystidicola farionis
Cystidicoloides tenuissima
Desmidocerella sp. (Larve)
Eustrongylides sp.
Goezia anguillae
Haplonema hamulatum (Larve)
Hysterothylacium aduncum
Ichthyobronema gnedini, I. hamulatum
Pseudocapillaria salvini, P. tomentosa
Rhaphidascaris acus

***ACANTHOCEPHALA* (Kratzer):**

Acanthocephalus anguillae, A. clavula, A. lucci, A. tenuirostris
Corynosoma semerme
Echinorhynchus borealis, E. gadi
Neoechinorhynchus rutili, N. pungitius, N. saginatus
Pomphorhynchus laevis, P. tereticollis
Pseudoechinorhynchus clavula

***HIRUDINA* (Egel):**

Cystobranchus mammillatus
Myzobdella lugubris
Piscicola geometra

***CRUSTACEA* (Krebstiere):**

Argulus foliaceus
Ergasilus sieboldi
Lernaea esocina
Salmincola lottae

***BIVALVIA* (Muscheln):**

Elliptis sp. (Larve)
Unio sp. (Larve)

***FUNGI* (Pilze):**

Achlya flagellata
Aphanomyces sp.
Branchiomyces demigrans
Saprolegnia mixta, S. parasitica

***CYCLOSTOMATA* (Rundmäuler):**

Petromyzon marinus

Adressen

Deutschland:

Fischgesundheitsdienst Bayern, Senator-Gerauerstraße 23, 85586 Poing/Grub
Fischgesundheitsdienst Aulendorf, Löwenbreitestraße 20, 88326 Aulendorf
Fischgesundheitsdienst Stuttgart, Atzenbergstraße 16, 70174 Stuttgart
Fischgesundheitsdienst Freiburg, Am Moosweiher 2, 79108 Freiburg
Fischgesundheitsdienst Heidelberg, Czernyring 22, 69115 Heidelberg
Fischgesundheitsdienst Hessen, Marburgerstraße 54, 35396 Gießen
Fischgesundheitsdienst Nordrhein-Westfalen, Heinsbergerstraße 51, 57399 Kirchhundem
Fischgesundheitsdienst Rheinland-Pfalz, Blücherstraße 34, 56073 Koblenz
Fischgesundheitsdienst Niedersachsen, Eintrachtweg 17, 30173 Hannover
Fischgesundheitsdienst Schleswig-Holstein, Gutenbergstraße 75-77, 24116 Kiel
Fischgesundheitsdienst Sachsen-Anhalt, Haferbreiterweg 132-135, 39576 Stendal
Fischgesundheitsdienst Potsdam, Pappelallee 2, 14469 Potsdam
Fischgesundheitsdienst Sachsen, Berlinerstraße 34, 04105 Leipzig
Fischgesundheitsdienst Cottbus, Schlachthofstraße 18, 03044 Cottbus
Veterinärinstitut Jena, Naumburgerstraße. 96, 07743 Jena
Veterinärinstitut Bad Langensalza, Tennstedterstraße, 99947 Bad Langensalza
Fischdiagnostik Mecklenburg-Vorpommern, Eldenburg 71, 17192 Waren/Müritz
Bayer. Landesanstalt für Fischerei, Weilheimerstraße 8a, 82319 Starnberg
Bayer. Landesanstalt für Wasserforschung, Kaulbachstraße 37, 80539 München
Institut für Binnenfischerei, Müggelseedamm 310, 12587 Berlin
Institut für Meereskunde, Düsternbrooker Weg 20, 24105 Kiel
Bundesforschungsanstalt für Fischerei, Palmaille 9, 22767 Hamburg
Fischereiamt Bremen, Fischkai 31, 27572 Bremerhaven

Österreich:

Bundesamt für Wasserwirtschaft, Scharfling 18, 5310 Mondsee
Institut für Fischmedizin, Veterinärplatz 1, 1210 Wien
Institut für Hydrobiologie, Max-Emanuel-Straße 17, 1180 Wien
Institut für Limnologie, Mondseestraße 5, 5310 Mondsee
Institut für Seenforschung, Kirchengasse 43, 9020 Klagenfurt
Landesfischereizentrum Vorarlberg, Auhafendamm 1, 6971 Hard

Schweiz:

Zentrum für Fisch- und Wildtiermedizin, Lengass-Straße 122, 3001 Bern
Bundesamt für Umwelt, Worblentalstraße 68, 3003 Bern
Bundesamt für Landwirtschaft, Mattenhofstraße 5, 3003 Bern

Niederlande:

Zentraler Fischgesundheitsdienst, Houtribweg 39, 8221 Lelystad
Institut für Fischreiforschung, Haringkade 1, 1970 Ijmuiden
Organisation zur Verbesserung der Binnenfischerei, Buxtehudelaan 1, 3420 Nieuwegein

Autor:

Fischzuchtmeister Martin Hochleithner, Unterbrunnweg 3, A-6370 Kitzbühel, Österreich
Tel: 05356/71399, Fax: 05356/64870, Mobil: 0664/1048297

Andere Arten

Bei den Dorschfischen gibt es zwei Arten die beide zur Familie Gadidae gehören und noch von gewissem Interesse sind: Der Atlantische Tomcod, da er sich auch im Süßwasser vermehrt und dort selbsterhaltende Populationen bilden kann (allerdings nur in Nordamerika), und der Atlantische Kabeljau, da er in der Aquakultur in größeren Mengen produziert wird (allerdings nur im Meerwasser).

Gadus Linnaeus, 1758

Gadus morhua. (Foto: K. Nilsson)

Gadus morhua Linnaeus, 1758. **Atlantischer Kabeljau**, Atlantischer Dorsch

Beschreibung:
Erste Rückenflosse mit 12-16, zweite Rückenflosse mit 15-22 und dritte Rückenflosse mit 15-23 Flossenstrahlen, erste Afterflosse mit 17-25 und zweite Afterflosse mit 15-23 Flossenstrahlen, Brustflossen mit 18-21 Flossenstrahlen, Bauchflossen mit 5-6 Flossenstrahlen, 18-28 Kiemenreusendornen, 49-57 Wirbel.

Die Schnauze beträgt 34-43 % der Kopflänge und diese wiederum 24-29 % der Gesamtlänge. Die Prädorsaldistanz beträgt 28-33 % und die Präanaldistanz 41-51 % der Gesamtlänge. Der Schwanzstiel hat eine Länge von 9-13 % und eine Höhe von 4-6 % der Gesamtlänge. Die Länge der Brustflossen beträgt 12-16 % und die der Bauchflossen 9-12 % der Gesamtlänge. Die Länge des Oberkiefers beträgt 39-46 % und jene des Unterkiefers 48-55 % der Kopflänge. Der Augendurchmesser beträgt 15-23 % und der Augenabstand 15-24 % der Kopflänge. Die Länge des Bartfadens beträgt 12-19 % der Kopflänge.
Die Oberseite ist grün-grau bis orange-braun und die Unterseite gelb-grau bis weiß gefärbt und an den Seiten mit runden Flecken versehen, die grau-braun bis schwarz-grau sind und bis auf den Kopf reichen. Die Seitenlinie ist heller als die Körperseite gefärbt.

Verbreitung:
Der Atlantische Kabeljau kommt im Salzwasser des nördlichen Atlantischen Ozeans von Nordamerika und Europa vor (83-35° Nördlicher Breite und 76° Westlicher bis 86° Östlicher Länge). Das Verbreitungsgebiet erstreckt sich von North Carolina und Labrador über Grönland und Island bis Russland und Spanien.
Der Atlantische Kabeljau wird oft in folgende drei Unterarten eingeteilt:
Gadus morhua morhua Linnaeus, 1758 (Atlantischer Dorsch) – kommt im Atlantik von Europa und Amerika vor.
Gadus morhua callarias Linnaeus, 1758 (Ostsee-Dorsch) – kommt in der Ostsee (vorwiegend östlich der Insel Bornholm) vor.
Gadus morhua marisalbi Derjugin, 1929 (Weißmeer-Dorsch) – kommt im Weißen Meer (vorwiegend nordwestlich der Solowezki-Inseln) vor.
G. m. callarias hat etwas weniger Kiemenreusendornen (18-24 zu 21-28 am ersten Kiemenbogen) als *G. m. morhua* und etwas mehr Flossenstrahlen in der erste Rückenflosse (14-16 zu 12-14) und zweiten Afterflosse (18-21 zu 16-19) als *G. m. marisalbi.*
G. m. marisalbi hat einen etwas breiteren Kopf (Augenabstand 18-24 zu 16-22 % der Kopflänge), einen höheren Schwanzstiel (4,9-6,0 zu 4,0-5,1 % der Gesamtlänge) und eine längere Kinnbartel (meist größer als der Augendurchmesser) als die anderen Unterarten.
Darüber hinaus gibt es das Phänomen, dass der Atlantische Kabeljau in Kanada, Grönland, Norwegen und Russland in mehreren, kleinen, arktischen, küstennahen Brackwasserseen vorkommt (Süßwasserzufluss durch Flüsse und Bäche – Salzwasserzufuhr durch Springtide), wobei die Population aus Russland ebenfalls schon als eigene Unterart (*Gadus morhua kildinensis* Derjugin, 1920) klassifiziert wurde.

Lebensweise:
Die Geschlechtsreife wird von beiden Geschlechtern mit einem Alter von 3-9 Jahren bei einer Länge von 30-60 cm erreicht.
Die Laichzeit erstreckt sich, je nach Verbreitungsgebiet, fast über das ganze Jahr, hauptsächlich jedoch von November bis Juni, in der Ostsee auch bis Oktober, bei einer Wassertemperatur von 0-6 °C.
Die Abgabe der, je nach Alter und Größe der Fische, durchschnittlich 500.000-900.000 Eier pro Kilogramm Körpergewicht erfolgt paar- oder gruppenweise in mehreren (8-22) Intervallen, in einer Wassertiefe von 20-200 m über oder nahe dem Grund. Die Entwicklung der transparenten Eier bis zum Schlupf der Larven dauert bei einer Wassertemperatur von 6 °C etwa 30 Tage. Die pelagischen Eier haben eine Größe von 1,4-1,6 mm und die frischgeschlüpften Larven eine Länge von 4,0-5,0 mm.
Junge und alte Fische werden manchmal von anderen Fischen (Haie, Rochen, Barsche, Dorsche, Plattfische), Wasservögeln (Säger, Tölpel, Sturmvögel) und Meeressäugern (Delfine, Wale, Robben) gefressen.
Jüngere Fische bevorzugen seichteres Wasser (<10-30 m Tiefe) mit Seegras oder Steinblöcken, ältere Fische halten sich am Tag in Gruppen bevorzugt 30-80 m über dem Untergrund auf und verteilen sich in der Nacht zur Nahrungssuche. Sie kommen in einer Wassertiefe von 1-1.000 m vor, bevorzugen aber eine Tiefe von 100-200 m und eine Wassertemperatur von 0-16 °C.
Die Nahrung besteht anfangs hauptsächlich aus Zooplankton (Copepoda, Phyllopoda), später vor allem aus Fischen (Heringe, Lodden, Sandaale) aber auch aus eigenen Artgenossen, sowie Krebstieren (Amphipoda, Decapoda, Schizopoda), seltener aus Weichtieren (Muscheln, Schnecken, Kopffüßern), Stachelhäutern (Seegurken, Seesterne) und Würmern (Polychaeta). Die Nahrungsaufnahme erfolgt vor allem in der Dämmerung; während der Laichzeit wird die Nahrungsaufnahme eingestellt.
Das Wachstum ist je nach Lebensraum und Nahrungsangebot sehr unterschiedlich. In einigen Gebieten gibt es eine stationäre Form, die in den Küstengebieten bleibt, langsamer wächst und früher geschlechtsreif wird, und eine wandernde Form, die weitere Strecken (bis zu 200 km) zu den Nahrungs- und Laichgebieten zurücklegt, schneller wächst und später geschlechtsreif wird. Die Unterarten aus der Ostsee und dem Weißen Meer (sowie den Brackwasserseen) wandern kaum und bleiben zeitlebens im jeweiligen Gewässer bzw. Gebiet. Gewöhnlich sind die Fische mit 4 Jahren 30-40 cm, mit 5 Jahren 35-45 cm, mit 6 Jahren 45-55 cm und mit 7 Jahren 55-65 cm lang.

Der Atlantische Kabeljau kann bis zu 200 cm lang, 95 kg schwer und 25 Jahre alt werden.

Bedeutung:
Der Atlantische Kabeljau hat eine sehr große wirtschaftliche Bedeutung und ist nach dem Pazifischen Pollack der zweitwichtigste Dorschfisch. Der Fang erfolgt meist mit Schlepp- und Stellnetzen, weniger mit Langleinen und Angeln. Die Fische bzw. Hälften oder Filets werden frisch und gefrostet oder eingesalzen und/oder luftgetrocknet (Klippfisch/Stockfisch) verkauft. Die Leber wird geräuchert und konserviert oder zu Leberöl verarbeitet. Auch die Eier werden gelegentlich verarbeitet.
In der Fischerei betrug der weltweite Jahresfang durchschnittlich in den 1950er Jahren 2.532.660 t, in den 1960er Jahren 3.074.380 t, in den 1970er Jahren 2.526.860 t, in den 1980er Jahren 2.069.160 t, in den 1990er Jahren 1.269.080 t, und in den 2000er Jahren 864.320 t. Fangländer waren im Jahr 2010 vor allem Norwegen (30 %), Russland (29 %) und Island (19 %), aber auch die Färöern, Dänemark, Grönland, Großbritannien, Deutschland, Polen, Schweden, Spanien, sowie Kanada und die USA.
In der Aquakultur betrug die weltweite Jahresproduktion durchschnittlich in den 1990er Jahren 304 t und in den 2000er Jahren 8.815 t. Produktionsländer waren im Jahr 2010 vor allem Norwegen (94 %) und Island (6 %), aber auch Großbritannien und Dänemark. Die Produktion erfolgt dabei ausschließlich im Meerwasser, vor allem in Netzgehegen.

Weitere Arten:
Weltweit kommen noch folgende weitere Arten dieser Gattung vor.
Gadus chalcogrammus Pallas, 1814 (Pazifischer Pollack oder Alaska-Seelachs) – kommt an der Pazifikküste von Asien und Nordamerika von Japan über Russland und Alaska bis Kalifornien vor.
Gadus macrocephalus Tilesius, 1810 (Pazifischer Kabeljau oder Pazifischer Dorsch) – kommt im Arktischen Ozean von der Labradorsee über Beaufortsee bis Tschuktschensee, sowie an der Pazifikküste von Asien und Nordamerika von Korea über Russland und Alaska bis Kalifornien vor.
Diese beiden Arten werden aber nicht in der Aquakultur produziert.

Microgadus Gill, 1865

Microgadus tomcod. (Foto: C. Nozères)

Microgadus tomcod Walbaum, 1792. **Atlantischer Tomcod**, Atlantischer Frostfisch

Beschreibung:

Erste Rückenflosse mit 11-15, zweite Rückenflosse mit 15-20 und dritte Rückenflosse mit 16-23 Flossenstrahlen, erste Afterflosse mit 12-23 und zweite Afterflosse mit 16-20 Flossenstrahlen, Brustflossen mit 16-19 Flossenstrahlen, Bauchflossen mit 6-7 Flossenstrahlen, 16-21 Kiemenreusendornen, 53-57 Wirbel.

Die Schnauze beträgt 31-38 % der Kopflänge und diese wiederum 20-22 % der Gesamtlänge. Die Prädorsaldistanz beträgt 28-31 % und die Präanaldistanz 40-43 % der Gesamtlänge. Der Schwanzstiel hat eine Länge von 12-13 % und eine Höhe von 4-5 % der Gesamtlänge. Die Länge der Brust- und Bauchflossen beträgt 11-14 % der Gesamtlänge. Die Länge des Oberkiefers beträgt 37-41 % und jene des Unterkiefers 45-48 % der Kopflänge. Der Augendurchmesser beträgt 15-20 % und der Augenabstand 29-33 % der Kopflänge. Die Länge des Bartfadens beträgt 14-19 % der Kopflänge.

Die Oberseite ist grün-braun bis gelb-braun und die Unterseite gelb-grau bis gelb-weiß gefärbt und an den Seiten mit dunklen Flecken versehen die bis auf die Flossen reichen. Die Seitenlinie ist meist gleich wie die Körperseite gefärbt.

Verbreitung:
Der Atlantische Tomcod kommt im Salzwasser des Atlantischen Ozeans von Nordamerika vor, aber gelegentlich auch im Süßwasser, wo er selbsterhaltende Populationen bildet (54-36° Nördlicher Breite und 76-56° Westlicher Länge). Das Verbreitungsgebiet erstreckt sich in den Vereinigten Staaten von Amerika (USA) und Kanada von Virginia bis Labrador.
Reine Binnenpopulationen, die ausschließlich im Süßwasser leben, gibt es in mindestens zwei Seen in Kanada, im Lake St. John (Quebec) und im Deer Lake (Neufundland). Aber auch in einigen Flüssen (St. Lorenzstrom und Hudson River) gibt es Populationen, die den ganzen Lebenszyklus im jeweiligen Flusssystem verbringen.

Lebensweise:
Die Geschlechtsreife wird von beiden Geschlechtern mit einem Alter von 2-3 Jahren bei einer Länge von 15-20 cm erreicht, wobei die Männchen oft ein Jahr früher geschlechtsreif werden, als die Weibchen.
Die Laichzeit erstreckt sich von November bis Februar, bei einer Wassertemperatur von 0-4 °C, oft unter Eis.
Zur Laichzeit wandern die Fische von November bis Dezember bevorzugt ins Brackwasser (Salinität 5-25 ‰) der Flussmündungen und können auch bis zu 140-240 km flussaufwärts ins Süßwasser (Salinität <1 ‰) und in Seitenflüsse wandern. Die Rückwanderung der Laichfische erfolgt bald nach dem Laichen von Januar bis Februar.
Die Abgabe der mehrere Tausend Eier erfolgt im seichteren Wasser (Tiefe 0,5-4,5 m) über sandigem bis kiesigem Grund, wo diese an Felsen und Steinen leicht festkleben. Die Entwicklung der Eier bis zum Schlupf der Larven dauert bei einer Wassertemperatur von 3-6 °C etwa 30-50 Tage. Im Meerwasser (Salinität >30 ‰) können sich die Embryonen nicht richtig entwickeln und die Verluste sind hoch. Die demersen Eier haben ein Gewicht von 0,3-0,5 mg, eine Größe von 1,7-1,8 mm und die frischgeschlüpften Larven eine Länge von 6,5-7,5 mm.
Die positiv phototaktischen Larven werden meist von März bis April mit der Strömung flussabwärts verdriftet, manchmal bis in den Mündungsbereich. Die Jungfische werden gelegentlich von anderen Fischen (*Ameiurus, Anguilla, Morone, Paralichthys, Urophycis*) gefressen.

Jüngere Fische halten sich bevorzugt im Seegras nahe der Küste auf, ältere Fische kommen bis in eine Wassertiefe von 70 m vor und wandern im Frühjahr in tiefere Gebiete und im Winter in seichtere Zonen, unter anderem auch in Flussmündungen.
Die Nahrung besteht anfangs hauptsächlich aus Zooplankton (Copepoda), später auch aus anderen Krebstieren (Amphipoda, Decapoda) und Fischen (Stinte, Heringe, Stichlinge, Barsche, Groppen), seltener aus Weichtieren (Schnecken, Kopffüßern) und Würmern.
Das Wachstum ist je nach Lebensraum unterschiedlich, jedoch relativ langsam. Gewöhnlich sind die Fische mit 1 Jahr 10-15 cm, 2 Jahren 15-20 cm und 3 Jahren 20-25 cm lang.
Der Atlantische Tomcod kann bis zu 40 cm lang, 0,6 kg schwer und 5 Jahre alt werden.

Bedeutung:
Der Atlantische Tomcod hat eine sehr geringe wirtschaftliche Bedeutung. Der Fang erfolgt meist in der Nacht mit Senk-, Zug-, Stell- und Trappnetzen, weniger mit Leg- und Langleinen sowie Angeln, hauptsächlich im Winter, wo er mit dem Einsetzen des Frostes (Name) in die Flussmündungen zieht. Trotz der relativ kleinen Größe wird das Fleisch geschätzt, in einigen Gegenden aber auch zu Tierfutter verarbeitet.
In der Fischerei betrug der weltweite Jahresfang durchschnittlich in den 1950er Jahren 520 t, in den 1960er Jahren 420 t, in den 1970er Jahren 333 t, in den 1980er Jahren 164 t, in den 1990er Jahren 80 t, und in den 2000er Jahren 28 t. Davon wurde ein Teil (0-75 %) im Inland gefangen; Fangland war ausschließlich Kanada.
In der Aquakultur wird er nicht produziert.

Weitere Arten:
In Nordamerika kommt noch folgende weitere Art dieser Gattung vor.
Microgadus proximus Girard, 1854 (Pazifischer Tomcod oder Pazifischer Frostfisch) – kommt an der Pazifikküste Nordamerikas von Alaska bis Kalifornien vor (jedoch nicht im Süßwasser).

Synonyme

Wissenschaftliche Bezeichnung: Seite

Gadus brosme Ascanius, 1772
Gadus torsk Bonnaterre, 1788
Gadus lubb Euphrasen, 1794
Blennius torsk Lacepède, 1800
Enchelyopus brosme Bloch et Schneider, 1801
Enchelyopus lub Bloch et Schneider, 1801
Brosmerus flavesny LeSueur, 1819
Brosmius flavescens LeSueur, 1819
Brosmius vulgaris Fleming, 1828
Brosmius scotica Swainson, 1839
Brosmius americanus Gill, 1863
Brosmius brosme Gill, 1863
Brosme brosme Svetovidov, 1948

***Lota lota lota* Linnaeus, 1758**
Gadus lota Linnaeus, 1758
Enchelyopus lota Bloch et Schneider, 1801
Molva lota Fleming, 1828
Lota vulgaris Fitzinger, 1832
Lota fluviatilis Perty, 1832
Lota brosmina Storer, 1839
Lota marmorata Koch, 1840
Lota communis Rapp, 1854
Lota linnei Malm, 1877
Lota vulgaris var. *obensis* Anikin, 1902
Lota lota kamensis Markun, 1936
Lota lota lota Taranets, 1937
Lota lota leptura Hubbs et Schultz, 1941
Lota lota infrasp. *anadroma* Prozorov, 1948
Lota lota infrasp. *onegensis* Mel'yantsev, 1948
Lota lota lota natio *leptura* Berg, 1949
Lota lota asiatica Kirillov, 1972
***Lota lota maculosa* LeSueur, 1817**
Gadus lacustris Walbaum, 1792
Gadus maculosus LeSueur, 1817
Gadus compressus LeSueur, 1817
Lota maculosa Richardson, 1836
Lota compressa DeKay, 1842
Lota inornata DeKay, 1842
Lota lota maculosa Hubbs et Schultz, 1941
Lota lota lacustris Speirs, 1952

Umgangssprachliche Bezeichnung:

Für die Quappe (*Lota lota*) gibt es zahlreiche Namen die je nach Land bzw. Region und Sprache bzw. Dialekt sehr unterschiedlich sind.

Deutschsprachige Bezeichnungen
von *Lota lota*:

Land - Region	Heute - Üblich	Früher - Selten
Deutschland* außer Bayern und Baden-Württemberg (Rhein- bis Odergebiet)	Quappe Aalquappe	Welsquappe Quappaal Aalputte Putaal
Österreich und Bayern (Donauraum)	Rutte Aalrutte	Ruppe Raupe Aalruppe Aalraupe
Schweiz und Baden-Württemberg sowie Vorarlberg (Bodenseeraum)	Trüsche	Trische Trusche Treische Treusche

* In Süddeutschland im Mittelalter auch: Mooserli oder Moserlin und Ruffolk oder Rufolck.

Fremdsprachige Bezeichnungen
von *Lota lota*:

Sprache - Länder	Heute - Üblich	Früher - Selten
Englisch (Großbritannien, Kanada, USA)	Burbot	Eelpout Ellpout Bubbot Barbolt
Französisch (Frankreich, Kanada, Westschweiz)	Lotte	Lote Loche Barbotte Bourbotte
Italienisch (Italien, Südschweiz)	Bottatrice	Botola Bottaro Bottrisa Bosastra

Literatur

Referenzen :

Agassiz L., 1843: Reserches sur les Poissons Fossiles. Atlas, Tome V. Petitpierre, Neuchatel. 80 pp.

Angus C., 2011: Monitoring changes in exploitation patterns for a data deficient species with decreased quota: Ling. Scottish Industry Science Partnership, Final Report No. 03/11. 62 pp.

Baranowska E., 2018: MFRI Assessment Reports: Ling. Marine and Freshwater Research Institute, Iceland. 18 pp.

Barluenga M., Sanetra M., Meyer A., 2006: Genetic admixture of burbot (Teleostei: *Lota lota*) in Lake Constance from two European glacial refugia. Molecular Ecology, 15 (12): 3583-3600.

Barron J.M., Jensen N.R., Anders P.J., Egan J.P., Ireland S.C., Cain K.D., 2012: Effects of temperature on the intensive culture performance of larval and juvenile North American burbot (*Lota lota maculosa*). Aquaculture, 364-365: 67-73.

Becke C., 2012: Altersstruktur und Nahrungsspektrum der Trüsche (*Lota lota*) im oligotrophen Bodensee. Masterarbeit, Westf. Wilhelms-Universität, Münster. 85 Seiten.

Benecke B., 1880: Fische, Fischerei und Fischzucht in Ost- und Westpreussen. Hartungsche Verlagsdruckerei, Königsberg. 514 Seiten.

Berg L.S., 1949: Ryby presnykh vod SSSR i sopredel'nykh stran. Izdatel'stvo Akademii Nauk SSSR, Moskva. Vol. 3, 510 pp.

Bleil M., Oeberst R., 2005: Die Reproduktion von Dorschen (*Gadus morhua* L. und *Gadus morhua callarias* L.) in der Ostsee unter besonderer Berücksichtigung der Arkonasee. Informationen aus der Fischereiforschung, 52: 74-90.

Bokor Z., Csorbai B., Várkonyi L., Szári Z., Fodor F., Ittzés I., Żarski D., Urbányi B., Bernáth G., 2018: Effects of chilled storage and pH of activating solution on different motility parameters in burbot (*Lota lota*) sperm. Czech J. Anim. Sci., 63 (11): 429-434.

Carnevale G., Harzhauser M., 2013: Middle Miocene rockling (Teleostei, Gadidae) from the Paratethys (St. Margarethen in Burgenland, Austria). Bulletin of Geosciences, 88 (3): 609-620.

Chen L.C., 1969: The biology and taxonomy of the burbot, *Lota lota leptura*, in interior Alaska. Biological Papers of the University of Alaska, No. 11: 53 pp.

Cohen D.M., Inada T., Iwamoto T., Scialabba N., 1990: Gadiform fishes of the world (Order Gadiformes). An annotated and illustrated catalogue of cods, hakes, grenadiers and other gadiform fishes known to date. FAO Fisheries Synopsis. No. 125, Vol. 10. 442 pp.

Egan J.P., Johnson R.D., Anders P.J., Cain K.D., 2015: Initial Characterization of Embryonic Development in North American Burbot. North American Journal of Aquaculture, 77: 37-42.

Elmer K.R., Van Houdt J.K.J., Meyer A., Volckaert F.A.M., 2008: Population genetic structure of North American burbot (*Lota lota maculosa*) across the Nearctic and at its contact zone with Eurasian burbot (*Lota lota lota*). Canadian Journal of Fisheries and Aquatic Sciences, 65 (11): 2412-2426.

Endo H., 2002: Phylogeny of the Order Gadiformes (Teleostei, Paracanthopterygii). Mem. Grad. Sch. Fish. Sci. Hokkaido Univ., 49 (2): 75-149.

Evenson M.J., 1990: Age and lenght at sexual maturity of Burbot in the Tanana River, Alaska. Alaska Department of Fish and Game. Fishery Manuskript No. 90-2. 10 pp.

Farkas J., 1993: Zur Biologie der Aalrutte in der oberen Drau und ihren Nebengewässern. Carinthia II, 183: 593-612.

Furgała-Selezniow G., Skrzypczak A., Kucharczyk D., Kujawa R., Mamcarz A., Żarski D., Targońska K., 2014: Food selection of burbot (*Lota lota* L.) larvae reared in illuminated net cages in mesotrophic Lake Maróz (Poland). Aquaculture International, 22: 41-52.

Gardunio E.I., Myrick C.A., Ridenour R.A., Keith R.M., Amadio C.J., 2011: Invasion of illegally introduced burbot in the upper Colorado River Basin, USA. Journal of Applied Ichthyology, 27 (1): 36-42.

Halldórsdóttir K., Árnason E., 2015: Whole-genome sequencing uncovers cryptic and hybrid species among Atlantic and Pacific cod-fish. BioRxiv, 034926. 28 pp.

Hardie D.C., Renaud C.B., Ponomarenko V.P., Mukhina N.V., Yaragina N.A., Skjæraasen J.E., Hutchings J.A., 2008: The Isolation of Atlantic Cod, *Gadus morhua* (Gadiformes), Populations in Northern Meromictic Lakes. Journal of Ichthyology, 48 (3): 230-240.

Harrison P., 2015: The behavioural ecology of burbot, *Lota lota*: Diel migrations, spatial behavioural syndromes, and behavioural thermoregulation in a reservoir resident. PhD Thesis, University of Waterloo. 191 pp.

Harsányi A., Aschenbrenner P., 1992: Die Rutte *Lota lota* (Linnaeus, 1758) - Biologie und Aufzucht. Fischer & Teichwirt, 43 (10): 372-376.

Heckel J., Kner R., 1858: Die Süßwasserfische der Östereichischen Monarchie, mit Rücksicht auf die angränzenden Länder. Verlag W. Engelmann, Leipzig. 388 Seiten.

Hochleithner M., 2002: Die Quappe (*Lota lota* Linnaeus, 1758): Biologie und Aquakultur. pp. 23-38. In: Düver W. (Red.). Die Quappe (*Lota lota*) - Fisch des Jahres 2002. VDSF, Offenbach. 40 Seiten.

Hochleithner M., 2014: Karpfenfische (Cyprinidae): Biologie und Aquakultur. AquaTech Publications, Kitzbühel. 348 Seiten.

Hochleithner M., 2014: Lachsfische (Salmoniformes): Biologie und Aquakultur. AquaTech Publications, Kitzbühel. 384 Seiten.

Hochleithner M., Hohenleiter W., 2013: Das Fischereibuch Maximilians I. – Faximile und Transkription. AquaTech Publications, Kitzbühel, 200 Seiten.

Hüssy K., 2011: Review of western Baltic cod (*Gadus morhua*) recruitment dynamics. ICES Journal of Marine Science, 68: 1459-1471.

ICES, 2013: Report of the Workshop on Age Estimation Methods of Deep-water Species (WKAMDEEP). ACOM, 83. 81 pp.

Jäger T., Nellen W., Schöfer W., Shodjai F., 1980: Der Einfluß von Salzgehalt und Temperatur auf Eier und Larven der Kleinen- und Großen Maräne, der Plötze und der Quappe. Österreichs Fischerei, 33 (2/3): 33-44.

Jensen N.R., Ireland S.C., Siple J.T., Williams S.R., Cain K.C., 2008: Evaluation of Egg Incubation Methods and Larval Feeding Regimes for North American Burbot. North American Journal of Aquaculture, 70 (2): 162-170.

Kainz E., Gollman P., 1996: Laichgewinnung, Erbrütung und erste Aufzuchtversuche bei Aalrutten (*Lota lota*). Österreichs Fischerei, 49 (7): 154-160.

Kjellman J., 2003: Growth and Recruitment of Burbot (*Lota lota*). Academic Diss., University of Helsinki, Vaasa. 25 pp.

Kupren K., Trąbska I., Żarski D., Krejszeff S., Palińska-Żarska P., Kucharczyk D., 2014: Early development and allometric growth patterns in burbot *Lota lota* L. Aquaculture International, 22 (1): 29-39.

Lahnsteiner F., Kletzl M., 2017: Weaning of Burbot, *Lota lota* (L.) from Live to Dry Feed Using NaCl as Dietary Attractant. Journal of Agricultural Science, 9 (3): 7-18.

Lahnsteiner F., Kletzl M., Weismann T., 2012: The effect of temperature on embryonic and yolk-sac larval development in the burbot *Lota lota*. Journal of Fish Biol., 81 (3): 977-986.

Lahnsteiner F., Mansour N., Weismann T., 2002: The cryopreservation of spermatozoa of the burbot, *Lota lota* (Gadidae, Teleostei). Cryobiology, 45 (3): 195-203.

Mangolt G., Hochleithner M., 2015: Das Fischbuch des Bodensees – Faximile und Transkription. AquaTech Publications, Kitzbühel. 160 Seiten.

Marramà G., Carnevale G., Smirnov P.V., Trubin Y.S., Kriwet J., 2019: First report of Eocene gadiform fishes from the Trans-Urals (Sverdlovsk and Tyumen regions, Russia). Journal of Paleontology, 93 (5): 1001-1009.

Meshkov M.M., 1972: Developmental stages of the burbot (*Lota lota* (L.). Problems of Ichthyology and Hydrobiology in Inland Reservoirs, 62: 181-194. Fisheries Research Board of Canada, Translation Series No. 2263. 26 pages.

Nelson J.S., Grande T.C., Wilson M.V.H., 2016: Fishes of the World. 5th Ed. J. Wiley & Sons, Hoboken. 707 pages.

Nikcevic M., Hegedish A., Mickovic B., Bakovic A., Andjus R. K., 1995: The burbots (*Lota lota* L.) in Yugoslavia: habitats and thermal acclimation. Ichthyologia, Belgrade, 27: 5-11.

Nygren A., Bergkvist G., Windahl T., Jahnke G., 1974: Cytological studies in Gadidae (Pisces). Heredidas, 76: 173.178.

O'Boyle R., 2012: Assessment and status report on the Cusk *Brosme brosme* in Canada. Committee on the Status of Endangered Wildlife in Canada. Ottawa. 85 pp.

Oldham W.S., 1972: Biology of Scotian Shelf Cusk, *Brosme brosme*. ICNAF Research Bulletin Nr. 9: 85-98.

Oliver L.P., Ma J., Bruce T.J., Evavold J.T., Korbel D.E., Cain K.D., 2020: Triploid induction in cultured burbot (*Lota lota*) using thermal and hydrostatic shock. Aquaculture, 515: 734582.

Pääkkönen J.P.J., Marjomäki T.J., 1997: Gastric evacuation rate of Burbot fed single-fish meals at different temperatures. Journal of Fish Biology, 50: 555-563.

Palińska-Żarska K., Żarski D., Krejszeff S., Nowosad J., Biłas M., Trejchel K., Kucharczyk D., 2014: Dynamics of yolk sac and oil droplet utilization and behavioural aspects of swim bladder inflation in burbot, *Lota lota* L., larvae during the first days of life, under laboratory conditions. Aquaculture International, 22 (1): 13-27.

Persoone G., Sorgeloos P., Roels O., Jaspers E. (Eds.), 1980: The Brine Shrimp Artemia. Vol. 3. Ecology, Culturing, Use in Aquaculture. Universa Press, Wetteren. 428 pp.

Peterson R.H., Johansen P.H., Metcalfe J.L., 1980: Observations on early life stages of Atlantic Tomcod, *Microgadus tomcod*. Fishery Bulletin, 78 (1): 147-158.

Petz-Glechner R., 2007: Die Namen unserer Fische – eine etymologische Spurensuche: 21. Aalrutte. Österreichs Fischerei, 60 (4): 94-96.

Pivnička K., 1970: Morphological Variation in the Burbot (*Lota lota*) and Recognition of the Subspecies: A Review. Journal Fisheries Research Board of Canada, 27 (10): 1757-1765.

Reichenbach-Klinke H.H. (Hrsg.) et al., 1980: Krankheiten und Schädigungen der Fische. Gustav Fischer Verlag, Stuttgart. 472 Seiten.

Ritterbusch D., Fladung E., Simon J., Pietrock M., Lewin C., Kettler N., Klügel A., Kirchner T., Monien P., Schmidt T., 2018: Die Quappe (*Lota lota*) in der Elbe. Schriften des Instituts für Binnenfischerei e.V. Potsdam-Sacrow, Band 51, 102 Seiten.

Roy S.A., 2001: Burbot Management Plan. Dep. of Inland Fisheries and Wildlife. 26 pp.

Sandberg M., 2015: Life History Trade-Offs in Anadromous Burbot *Lota lota* (Linnaeus 1758) from Rickleån and Sävarån, Northern Sweden. MS thesis, Swedish University of Agricultural Sciences, Umeå. 77 pp.

Sander H., 1778: Zur Naturgeschichte des Ruffolken, oder *Gadus lota* L. M. Maklot, Carlsruhe. 13 Seiten.

Schneider J., Lelek A., Korte E., 2002: Wiedereinbürgerung der Quappe (*Lota lota*) in der Ruhr (NRW) durch die Ruhrfischereigenossenschaft, Essen. pp. 5-19. In: Düver W. (Red.). Die Quappe (*Lota lota*) - Fisch des Jahres 2002. VDSF, Offenbach. 40 Seiten.

Scott W.B., Crossman E., 1973: Freshwater Fishes of Canada. Fisheries Research Board of Canada, Ottawa. 966 Seiten.

Shatz Y., 2000: Fishstat Plus 2.30. Food and Agriculture Organisation, Roma.

Steiner V., Hochleithner M., 2016: Die Jungfischaufzucht mit Zooplankton - Entwicklungen und Erkenntnisse. AquaTech Publications, Kitzbühel. 140 Seiten.

Steiner V., Schotzko N., Kletzl M., Kainz E., 1996: Ein Beitrag zur wirtschaftlichen Aufzucht kleiner, sensibler Fischlarven am Beispiel der Aalrutte (*Lota lota* L.). Österreichs Fischerei, 49 (7): 160-172.

Stípek J., 1992: Erfahrungen bei der Aufzucht der Rutte (*Lota lota*, L.) in der Tschechoslowakei. Fischer & Teichwirt, 43 (10): 376-379.

Svetovidov A.N., 1948: Fauna of the U.S.S.R. Fishes – Gadiformes. Zoological Institute of the Academy of Sciences of the U.S.S.R. Moskva/Leningrad. Israel Program for Scientific Translations, Jerusalem. Vol. IX, No. 4: 304 pp.

Trejchel K., Żarski D., Palińska-Żarska K., Krejszeff S., Dryl B., Dakowski K., Kucharczyk D., 2014: Determination of the optimal feeding rate and light regime conditions in juvenile burbot, *Lota lota* (L.), under intensive aquaculture. Aquaculture International, 22 (1): 195-203.

Van Houdt J.K.J., De Cleyn L., Perretti A., Volckaert F.A.M., 2005: A mitogenic view on the evolutionary history of the Holarctic freshwater gadoid, burbot (*Lota lota*). Molecular Ecology, 14: 2445-2457.

Vught I., Harzevili A.S., Auwerx J., De Charleroy D., 2008: Aspects of Reproduction and Larviculture of Burbot Under Hatchery Conditions. pp. 167-178. In: Paragamian V.L., Bennett D.H (Eds.). Burbot: Ecology, Management, and Culture. Symposium 59. American Fisheries Society, Bethesda, Maryland. 270 pp.

Wocher H., Aschenbrenner P., 2010: Zur Aquakultur der Rutte (*Lota lota*, L.) – Haltungsbedingungen und Schlachtkörperuntersuchung. Fischer & Teichwirt, 61 (10): 283-288.

Wocher H., Aschenbrenner P., 2010: Zur Aquakultur der Rutte (*Lota lota*, L.) – Satzfischproduktion. Auf Auf, 2010 (1): 24-29.

Wocher H., Harsányi A., Aschenbrenner P., 2010: Zur Aquakultur der Rutte (*Lota lota*, L.) - Reproduktion und Larvenaufzucht. Fischer & Teichwirt, 61 (5): 167-172.

Wong A., 2008: Lipidic profiles of tissue and liver oil of burbot, *Lota lota* (L.). Acta Ichthyologica et Piscatoria, 38 (1): 55-61.

Worthington T., Kemp P.S., Osborne P.E., Howes C., Easton K., 2011: A review of the historical distribution and status of the burbot (*Lota lota*) in English Rivers. Journal of Applied Ichthyology, 27 (1): 1-8.

Żarski D., Kucharczyk D., Sasinowski W., Targońska K., Mamcarz A., 2010: The influence of temperature on sucessful reproductions of Burbot, *Lota lota* (L.) under hatchery conditions. Polish Journal of Natural Sciences, 25 (1): 93-105.

Fachbücher:

248 Seiten, ISBN 3-902855-06-0

168 Seiten, ISBN 3-902855-19-0

188 Seiten, ISBN 3-902855-20-6

176 Seiten, ISBN 3-902855-27-5

Im Buchhandel oder bei: ***AquaTech*** *Publications*

www.aqua-tech.eu

Die Fischproduktion in Netzgeheganlagen - Konstruktion und Management

Martin Hochleithner. 292 Seiten. ISBN: 978-3-902855-30-5

Die Fischproduktion in Netzgehegeanlagen stellt einen wesentlichen Beitrag für die Weiterentwicklung der Aquakultur dar. Dieses Buch beschäftigt sich vor allem mit dem Bau und Betrieb von Netzgehegen, für die kommerzielle Haltung und Produktion von verschiedenen Süßwasser- und Meeresfischen. Präsentiert werden auch die Erfahrungen und Empfehlungen des Autors, der sich seit mehr als 30 Jahren mit diesem wichtigen Bereich der Aquakultur beschäftigt. Die ausführlich behandelten Kapitel reichen unter anderem von Aquakulturorganismen über Gehegekonstruktion und Gehegeposition bis Gehegemanagement. Einleitung und Literatur vervollständigen dieses Werk. Diese Publikation richtet sich vor allem an Einsteiger und Betreiber von Netzgehegeanlagen, aber auch an traditionelle Fischzüchter und innovative Teichwirte, sowie Gewässerbewirtschafter und an alle die sich generell für die Produktion von Fischen interessieren.

Die Fischproduktion in Kreislaufanlagen - Erfahrungen und Empfehlungen

Peter Steinbach. 408 Seiten. ISBN: 978-3-902855-29-9

Die Fischproduktion in Kreislaufanlagen stellt einen interessanten Beitrag für die Weiterentwicklung der Aquakultur dar. Dieses Buch beschäftigt sich vor allem mit der Theorie und Praxis von Kreislaufanlagen, für die kommerzielle Haltung und Produktion von verschiedenen Süßwasser- und Meeresfischen. Präsentiert werden auch die Erfahrungen und Empfehlungen des Autors, der sich seit mehr als 40 Jahren mit diesem modernen Bereich der Aquakultur beschäftigt. Die ausführlich behandelten Kapitel reichen unter anderem von Wasserchemismus, Fischanatomie und Fischkrankheiten über Fischfütterung, Nährstoffverdauung und Fischhaltungsbecken bis Anlagenauslastung, Wasseraufbereitung und Gebäudetechnik. Diese Publikation richtet sich vor allem an Einsteiger und Betreiber von Kreislaufanlagen, aber auch an traditionelle Teichwirte und innovative Aquarianer, und an alle die sich generell für die Produktion von Speisefischen interessieren.

Das Fischbuch des Bodensees - Faksimile und Transkription

Gregor Mangolt und Martin Hochleithner. 160 Seiten. ISBN: 978-3-902855-21-3

Das Fischbuch „Von der Natur und Eigenschaft der Fische“ des Bodensees, aus dem Jahre 1557, geschrieben von Gregor Mangolt, ist das älteste bekannte Buch über die Fische des Bodensees. Es ist selbst nach dieser langen Zeit noch von Interesse. Dieses Fischbuch überliefert im ersten Teil in einzigartiger Weise die Fischnamen, die am Bodensee in Gebrauch waren und dokumentiert das damalige fischbiologische Wissen, illustriert mit zahlreichen naturgetreuen Holzschnittabbildungen. Der zweite Teil mit 30 Fangrezepten belegt einen weiteren fischereikundlichen Sachtext mit Fangtechniken aus der damaligen Zeit. Diese Wiedergabe des Fischbuches vom Bodensee, herausgegeben von Fischereimeister Martin Hochleithner, beinhaltet sowohl die Faksimile als auch die Transkription des Originals. Das historisch bedeutende Buch ist nicht nur für Angler und Fischer interessant sondern auch für Biologen und Historiker.

Das Fischereibuch Maximilians I. - Faksimile und Transkription

Martin Hochleithner und Wolfgang Hohenleiter. 200 Seiten. ISBN: 978-3-902855-14-5

Das Fischereibuch Maximilians I. von Habsburg aus dem Jahre 1504, geschrieben vom Jagdschreiber Wolfgang Hohenleiter, ist eines der ältesten erhaltenen gebliebenen Bücher über die Bewirtschaftung von Fischgewässern in Tirol und Umgebung. Es ist selbst nach mehr als einem halben Jahrtausend immer noch von Bedeutung und Interesse. Kaiser Maximilian I. war nicht nur ein großer Ritter und Herrscher, sondern auch ein begeisterter Jäger und Fischer. Unter ihm kam es zu intensiven Bemühungen um Besatz, Hege, und Nutzung der Fischbestände. Die vorliegende Wiedergabe des Fischereibuches, herausgegeben von Fischereimeister Martin Hochleithner, beinhaltet sowohl die Faksimile als auch die Transkription des Originals, das sich heute in der Österreichischen Nationalbibliothek in Wien befindet. Das historisch wertvolle Buch ist nicht nur für Angler und Fischer interessant sondern auch für Bewirtschafter und Kunstliebhaber.

Technologie

& ZUBEHÖR

bewährten Komplettprogramm für:

AUSFANG	TRANSPORT	VERARBEITUNG	SONSTIGES	ETC.

Netze Reusen Aggregate	Sortierer Behälter Förderer	Betäuber Enthäuter Räucheröfen	Stege Boote Antriebe	Futter Fische u.v.m.

informativen Katalog.
- Unser Erfolg und Ihr Gewinn!
Service Mo-Fr. 08.00-18.00 Uhr.

Tech

A-6370 Kitzbühel
Fax: (0043) 5356/64870
www.aquaculture-com.net